trigonal

Im trigonalen System liegen drei gleich lange Achsen in einer Ebene und schneiden sich unter 120°. Die dritte Achse ist eine dreizählige Drehachse und steht senkrecht auf dieser Ebene. Sie ist länger oder kürzer als die anderen Achsen.

orthorhombisch

Im orthorhombischen System sind alle drei Achsen des Achsenkreuzes verschieden lang. Sie schneiden sich im rechten Winkel.

monoklin

Im monklinen System sind alle drei Achsen des Achsenkreuzes verschieden lang. Zwei von ihnen schneiden sich im rechten Winkel, der Winkel der dritten Achse zu diesen ist schief.

triklin

Im triklinen System sind alle drei Achsen des Achsenkreuzes verschieden lang. Die Winkel zwischen ihnen sind alle schief.

Rupert Hochleitner

Welcher Stein ist das?

KOSMOS

Impressum

Mit 221 Farbfotos von Rupert Hochleitner, 198 Schwarzweiß-Zeichnungen von Rupert Hochleitner und 10 Schwarzweiß-Zeichnungen von Wolfgang Lang.

Umschlaggestaltung von eStudio Calamar, Pau, unter Verwendung von 1 Farbfoto von Rupert Hochleitner: Pyromorphit.
Foto Seite 2/3: Amethyst, Fundort: Rio Grande do Sul, Brasilien

Unser gesamtes lieferbares Programm und viele
weitere Informationen zu unseren Büchern,
Spielen, Experimentierkästen, DVDs, Autoren und
Aktivitäten finden Sie unter **www.kosmos.de**

Gedruckt auf chlorfrei gebleichtem Papier

2. Auflage
© 2005, 2008, Franckh-Kosmos Verlags-GmbH & Co. KG, Stuttgart
Alle Rechte vorbehalten
ISBN 978-3-440-11488-9
Projektleitung : Carsten Schröder
Lektorat, Satz, Layout, Bildauswahl: Barbara Kiesewetter,
Redaktionsbüro München
Produktion: Johannes Geyer
Grundlayout: eStudio Calamar
Printed in Italy / Imprimé en Italie

Inhalt

Einleitung 6

  Welcher Stein ist das? 6
  Die Eigenschaften der Mineralien 8
  Entstehung und Vorkommen von Mineralien 13
  Mineralien und Gesteine sammeln 16

Bestimmungsteil 20

  Mineralien 20

  Strichfarbe Blau 20
  Strichfarbe Rot 25
  Strichfarbe Gelb 36
  Strichfarbe Braun 42
  Strichfarbe Grün 51
  Strichfarbe Schwarz 62
  Strichfarbe Weiß 88

  Edelsteine 163

  Gesteine 188

Register 220
Literatur 223

Einleitung

Welcher Stein ist das?

Diese Frage stellt sich immer wieder – sei es, dass man beim Spaziergang einen Kieselstein aufhebt, im Gebirge einen Kristall findet, auf der Halde eines Erzbergwerkes golden oder silbern glänzende Brocken findet oder ein schönes Schmuckstück betrachtet: Welches Mineral ist das, welches Gestein habe ich vor mir, welcher Edelstein glitzert so schön bunt? Diese Fragen soll das vorliegende Buch beantworten – als ständiger Begleiter auf Wanderungen, auf Reisen, beim Bergsteigen, beim Mineraliensammeln, in Steinbrüchen und auf Halden, auf Mineralienbörsen und auch beim Juwelier.

Dabei gibt es ein paar grundlegende Dinge zu beachten. Erstens sind **Mineralien**, mit Ausnahme des gediegenen Quecksilbers, immer fest. Das Mineralwasser mag noch so gut schmecken – es ist flüssig und damit kein Mineral. Und zweitens muss ein Mineral immer natürlich entstanden sein. Alles, was der Mensch hergestellt hat – vom Fensterglas bis zum Quarzkristall in der Armbanduhr und zum künstlichen Diamanten –, ist kein Mineral.

Etwas anders steht es beim Begriff **Kristall**. Kristalle sind feste chemische Substanzen, deren Atome nach einem einheitlichen gesetzmäßigen Schema angeordnet sind. Diese gesetzmäßige Anordnung der Atome äußert sich in den ebenen, regelmäßigen Flächen, von denen ein Kristall begrenzt ist. Um einen Gegenstand als Kristall bezeichnen zu können, ist es im Gegensatz zum Mineral nicht notwendig, dass er natürlich entstanden ist. Kristalle werden in großen Mengen industriell hergestellt und selbst Kinder können – z.B. mit einem Kristallzucht-Kasten – selber Kristalle wachsen lassen. So gibt es also natürlich entstandene Kristalle, die man auch als Mineral bezeichnen kann, genauso wie künstlich hergestellte, die man nicht als Mineral bezeichnen darf.

Fast alle Mineralien sind Kristalle, auch wenn man es ihnen äußerlich manchmal nicht ansieht. Solche Kristallindividuen, die ihre glatten äußeren Flächen verloren haben – vielleicht durch Verwitterung oder durch einen fehlgegangenen Hammerschlag –, besitzen immer noch ihre innere gesetzmäßige

Anordnung der Atome, das Kristallgitter, man nennt sie kristallin. Es gibt nur wenige Minerale, für die das nicht zutrifft, diese nennt man amorph. Bekanntestes Beispiel ist der Opal, der im Gegensatz zum fast genauso zusammengesetzten Quarz keine Kristalle bilden kann.

Edelsteine sind Mineralien, die für Schmuckzwecke verschliffen werden. Um als Edelstein zu gelten, muss ein Mineral verschiedene Vorgaben erfüllen: Es muss schön sein, also ästhetischen Ansprüchen genügen, es sollte schön gefärbt sein und im geschliffenen Zustand möglichst glänzen und glitzern. Letzteres ist umso wichtiger, wenn das Mineral, wie etwa der Diamant, im Normalfall farblos ist.

Gesteine kann man als große geologische Körper beschreiben, die aus vielen Individuen einer oder mehrerer verschiedener Mineralarten aufgebaut sind. So besteht Marmor z.B. nur aus vielen Körnern des Minerals Kalkspat, Granit dagegen aus den drei Mineralarten Feldspat, Quarz und Glimmer.

Tiefengesteine entstehen, wenn glutflüssiges Magma (Gesteinsschmelze) in der Tiefe erstarrt und zu einem festen Gestein wird, ohne vorher die Erdoberfläche zu erreichen. Kommt das glutflüssige Magma aber, z.B. in einem Vulkan, an die Oberfläche und erstarrt erst dann, entsteht ein **vulkanisches Gestein**.

Gesteine, die entstehen, indem sich kleine Teilchen, wie etwa Sandkörner, ablagern und wieder verfestigen, nennt man **Ablagerungsgesteine** oder **sedimentäre Gesteine**, kurz **Sedimente**. Werden solche Sedimente in die Tiefe transportiert, wandeln sie sich bei steigender Temperatur und steigendem Druck um. Die so entstehenden Gesteine nennt man **Umwandlungsgesteine** oder **metamorphe Gesteine**, kurz **Metamorphite**. Den Vorgang nennt man Metamorphose. Je nach Höhe von Druck und Temperatur spricht man von niedrig-, mittel- oder hochgradiger Metamorphose. Werden Gesteine durch Kontakt zu heißem Magma umgewandelt, spricht man von Kontaktmetamorphose.

Die Eigenschaften der Mineralien

Will man Mineralien bestimmen, so muss man ihre Eigenschaften bestimmen. Jede Mineralart besitzt eine Reihe von Eigenschaften, die alle zusammen in ihrer Kombination für das jeweilige Mineral einmalig sind. Um ein Mineral sicher zu bestimmen, muss man also möglichst viele seiner Eigenschaften überprüfen. Das ist bei einigen, wie etwa der Härte oder der Strichfarbe, leicht und bedarf keiner oder nur leicht erhältlicher Hilfsmittel, bei anderen, wie etwa der chemischen Zusammensetzung, bedarf eine exakte Feststellung eines großen apparativen Aufwandes, den der Einzelne normalerweise nicht betreiben kann. Aus diesem Grund sind im vorliegenden Buch besonders die Eigenschaften hervorgehoben, die möglichst einfach festzustellen sind, aber im Normalfall zur sicheren Bestimmung eines Minerals führen.

Die Strichfarbe

Die Strichfarbe erhält man, wenn man mit dem Mineral auf einer unglasierten und daher etwas rauen Porzellantafel einen Strich zieht. Die Farbe der so erhaltenen Spur ist charakteristisch für die Mineralart. So verschiedenfarbig ein und dieselbe Mineralart auch auftreten mag, die Strichfarbe ist immer gleich. So kann Fluorit farblos, gelb, grün, blau, braun, rosa oder violett sein, seine Strichfarbe ist immer weiß.

STRICHTAFEL
Eine Strichtafel kann man für wenig Geld (2 €) im Mineralienhandel erwerben. Sollte sie einmal nicht zur Hand sein, genügt als Notbehelf auch eine alte Porzellansicherung oder der unglasierte Unterrand eines Tellers oder einer Tasse.

Die Strichfarbe ist also ein eindeutiges Merkmal eines Minerals, das gut zur Einteilung geeignet ist. Deshalb sind in diesem Buch auch alle Mineralien in Gruppen gleicher Strichfarben zusammengefasst. So kann man schnell feststellen, in welchem Teil des Buches man nachschlagen muss.
Innerhalb der Gruppen gleicher Strichfarben sind die Mineralien nach aufsteigender Härte geordnet.

Die Härte

Die Härte eines Minerals lässt sich recht leicht feststellen. Jeder weiß, dass man mit Diamant sogar Glas schneiden kann. Diamant ist die härteste Substanz, die es auf unserem Planeten gibt. Andere Mineralien wie etwa der Speckstein sind so weich, dass man aus ihm Figuren schnitzen und ihn sogar mit dem Fingernagel kratzen kann. Je nachdem, ob ein Mineral das andere ritzt oder von ihm selbst geritzt wird, kann man alle Mineralien nach ihrer Härte ordnen. Da diese Eigenschaft für jedes Mineral charakteristisch ist, wird sie in diesem Buch neben der Strichfarbe als wichtigstes Bestimmungs- und Ordnungsmerkmal verwendet.

Man kann die Härte eines Minerals am einfachsten bestimmen, wenn man es mit den Mineralien der Mohs'schen Härteskala vergleicht. Diese Skala besteht aus zehn Mineralien, von denen jedes alle vor ihm stehenden ritzt. Härteskalen, also eine Zusammenstellung der neun Prüfmineralien (Diamant als härteste Substanz wird nicht benötigt), kann man im Mineralienhandel erwerben. Im Notfall, im Gelände, kann man sich auch mit Fingernagel (etwa Härte 2) und Taschenmesser (etwa Härte 6) behelfen. Eine kleine Glasscherbe kann helfen, die Mineralien zu erkennen, die härter als Härte 6 sind.

Mohs'sche Härteskala

Härte	Mineral	
1	Talk	mit dem Fingernagel ritzbar
2	Gips	
3	Kalkspat	mit dem Messer ritzbar
4	Fluorit	
5	Apatit	
6	Feldspat	ritzen Glas
7	Quarz	
8	Topas	
9	Korund	
10	Diamant	

Bei der Härtebestimmung nimmt man als Erstes ein Mineral mittlerer Härte, zum Beispiel Apatit, Härte 5, und untersucht, ob das zu bestimmende Mineral damit geritzt werden kann. Ist das der Fall, macht man mit dem nächstweicheren weiter, bis man zu einem kommt, mit dem man das Mineral nicht mehr ritzen kann. Kann man umgekehrt mit dem zu bestimmenden Mineral das Prüfmineral auch nicht ritzen, dann haben beide die gleiche Härte. Lässt sich das zu bestimmende

Einleitung

Mineral dagegen von dem zuerst gewählten Prüfmineral mittlerer Härte nicht ritzen, macht man analog mit dem nächsthärteren weiter. So stellt man die Härte jedes Minerals im Rahmen der Mohs'schen Härteskala fest.

Prüfen Sie die Härte immer mit scharfen Kanten und an frisch gebrochenen Stellen! Wischen Sie nach dem Ritzen immer den Staub weg, um sicherzugehen, dass auch wirklich geritzt worden ist und sich nicht nur das Prüfmineral abgerieben hat. Bei sehr feinkörnigen Mineralaggregaten können bei der Ritzprobe einzelne Körnchen herausbrechen. Das kann eine geringere Härte vortäuschen. Auf sehr glatten Kristallflächen misst man oft eine zu hohe Härte. Hier muss man besonders fest aufdrücken, um sicher zu sein, dass das Mineral wirklich nicht zu ritzen ist.

> **HÄRTEPRÜFEN**
> Wichtig: Beim Härteprüfen immer die Gegenprobe machen! Wenn das Prüfmineral das zu bestimmende Mineral ritzt, muss immer auch geprüft werden, ob nicht etwa umgekehrt das Prüfmineral geritzt wird. Nur so können Sie sicher sein.

Tenazität
Mit der Tenazität beschreibt man, wie ein Mineral sich beim Ritzen oder Biegen verhält. Die meisten Mineralien sind spröde, d.h. beim Ritzen, etwa mit einer Stahlnadel, springt das Ritzpulver weg. Ist das nicht der Fall, so bezeichnet man das Mineral als milde (z.B. Bleiglanz). Kann man eine Ritzspur erzeugen, ohne dass ein Pulver entsteht, etwa so, wie man mit dem Messer in Butter schneidet, bezeichnet man das Mineral als schneidbar (z.B. Silberglanz, Gold). Gold kann man auch zu Blättchen hämmern. Solche Mineralien bezeichnet man als duktil.

Andere Mineralien wiederum sind elastisch biegsam, wie etwa die Glimmer, d.h. man kann sie biegen und sie kehren nach dem Biegen wieder in die Ausgangsstellung zurück. Unelastisch biegsame Mineralien, wie etwa Gips, verharren dagegen nach dem Biegen in der neuen Stellung.

Farbe
Auf den ersten Blick scheint die Farbe die nützlichste Eigenschaft eines Minerals zu sein. Schnell wird man aber feststellen, dass das nicht der Fall ist. Zwar gibt es Mineralien, deren

Farbe sehr charakteristisch ist, wie etwa der grüne Malachit oder der blaue Azurit. Ein großer Teil der Mineralien tritt nicht nur in einer Farbe auf, sondern wird in den verschiedensten Farbtönen gefunden. Quarz kann farblos, rosa, violett, braun, schwarz oder gelb sein, Diamant gibt es in den Farben Weiß, Gelb, Grün, Braun, Blau und Schwarz. Dazu kommt noch, dass sich manche Minerale an der Luft mit einer andersfarbigen Schicht überziehen können. So ist Bornit im ganz frischen Bruch rosa metallisch, während er sich in wenigen Stunden mit einer blau-rot-grün schillernden Oxidationsschicht überzieht. Die Farbe eines Minerals muss also immer an einer frischen Stelle geprüft werden.

Glanz

Jedes unbearbeitete Mineral hat einen ganz bestimmten, für die jeweilige Mineralart charakteristischen Glanz. Dieser Glanz ist allerdings nur schwer messbar. Man kann ihn nur im Vergleich mit Gegenständen des täglichen Lebens beschreiben. **Glasglanz** entspricht dem Glanz von einfachem Fensterglas. Er tritt am häufigsten auf. **Metallglanz** entspricht dem Glanz von poliertem Metall, wie etwa Alufolie. **Seidenglanz** ist ein Glanz, der mit dem wogenden Lichtschimmer auf Naturseide vergleichbar ist. **Pechglanz** ist der Glanz von Pech, vergleichbar mit dem von Teerbrocken, wie man sie bei Straßenausbesserungsarbeiten sehen kann. **Fettglanz** sieht aus wie der Glanz von Fettflecken auf Papier. **Diamantglanz** ist der strahlende Glanz, den man von geschliffenen Diamanten, aber auch von Bleikristallglas kennt. Minerale mit **Perlmuttglanz** zeigen einen Glanz, der den Innenseiten mancher Muschelschalen ähnelt, die einen weißlichen Schimmer mit farbigem Lichtschein zeigen.

Dichte

Die Dichte oder das spezifische Gewicht ist das Gewicht eines Minerals pro Volumeneinheit (g/cm^3). Die Dichte zu messen, bedarf präziser Geräte. Trotzdem kann man die Dichte als Bestimmungsmerkmal nützen. Durch einfaches Abwiegen in der Hand kann man feststellen, ob ein Mineral leicht (Dichte unter 2), normal (Dichte um 2,5), schwer (Dichte über 3,5) oder sehr schwer (6 oder höher) ist. Noch besser kann man abschätzen, wenn man ein gleich großes Stück eines Minerals mit bekannter Dichte in die andere Hand nimmt und vergleicht.

Spaltbarkeit und Bruch

Zerschlägt man ein Mineral (z.B. mit dem Hammer) oder zerbricht es, so entstehen je nach Mineralart unterschiedlich aussehende Bruchflächen. Das Mineral kann in ebene glatte Spaltflächen oder in immer gleiche geometrische Körper zerfallen. Bleiglanz zerfällt zum Beispiel in lauter kleine Würfelchen, Kalkspat in lauter kleine Rhomboeder. In der Mineralbeschreibung steht dann im ersteren Fall »Spaltbarkeit nach dem Würfel«, im zweiten Fall »Spaltbarkeit nach dem Rhomboeder«. Manchmal sind auch die Winkel der Spaltflächen zueinander für die Bestimmung eines Minerals von Bedeutung. Augit kann man z.B. von der ähnlichen Hornblende sehr gut dadurch unterscheiden, weil seine Spaltflächen sich in einem Winkel von etwa 90° schneiden. Hornblende weist dagegen einen Spaltwinkel von etwa 120° auf.

Würfelige Spaltbarkeit: links Steinsalz, rechts Bleiglanz

Die Spaltbarkeit kann verschiedene Qualitäten von »vollkommen« bis »nicht erkennbar« aufweisen. Die letztere Angabe bedeutet, dass eine Spaltbarkeit wohl existiert, sie aber mit einfachen Mitteln im Normalfall nicht erkennbar ist.

Unter dem Stichwort Bruch sind alle Trennungsflächen beschrieben, die keine Spaltflächen sind. Je nach Aussehen der Flächen bezeichnet man den Bruch als muschelig (z.B. bei Bergkristall), spätig (z.B. bei Kalkspat), uneben (z.B. bei Feldspat) oder hakig (z.B. bei Gold).

Fluoreszenz, Phosphoreszenz

Bestrahlt man manche Mineralien mit ultraviolettem Licht, so können sie mehr oder weniger stark in den verschiedensten Farben leuchten. Schaltet man die UV-Quelle ab, so leuchten manche Mineralien noch einige Sekunden nach. Diese Erscheinung nennt man Phosphoreszenz.

UV-LICHT
Vorsicht beim Umgang mit UV-Licht. UV-Licht (speziell kurzwelliges) kann die Augen schädigen. Daher immer eine Schutzbrille tragen! Sie ist für wenige Euro beim Lieferanten der UV-Lampe erhältlich.

Entstehung und Vorkommen von Mineralien

Mineralien wachsen in Zeiträumen von vielen Tausenden bis zu Hunderttausenden von Jahren. Ihre Bildung wird in drei verschiedene Entstehungsabfolgen unterteilt.

Die **magmatische Abfolge** umfasst Mineralien und Gesteine, die aus einer heißen Schmelze entweder im Erdinneren (Tiefengesteine) oder an der Erdoberfläche (Vulkanite) entstehen. **Tiefengesteine** sind relativ grobkörnig, d.h. auch die einzelnen Körner der Grundmasse sind mit dem Auge zu erkennen. **Vulkanische Gesteine** sind sehr feinkörnig, die einzelnen Körner der Grundmasse sind mit dem bloßen Auge und auch mit der Lupe nicht zu erkennen. In der **sedimentären Abfolge** entstehen Mineralien meistens durch Verwitterung von Mineralien oder Gesteinen, die durch Wasser oder Wind transportiert und später wieder abgesetzt werden. **Sedimentgesteine** sind meist deutlich geschichtet, Einzelkristalle der Gesteinsbestandteile sind nicht zu erkennen. Oft enthalten Sedimentgesteine im Gegensatz zu allen anderen Gesteinen Fossilien. Bei der **metamorphen Abfolge** entstehen Mineralien und Gesteine durch sich ändernde Druck- und Temperaturverhältnisse in einer gewissen Tiefe unterhalb der Erdoberfläche. **Metamorphe Gesteine** sind oft deutlich geschichtet und gefaltet, Einzelkristalle der Gesteinsbestandteile sind meist erkennbar.

Magmatische Bildungen

Intramagmatische Lagerstätten sind Anreicherungen von Mineralien innerhalb von Tiefengesteinskörpern. Aus solchen Lagerstätten werden besonders die Metalle Chrom, Platin und Nickel gewonnen. Einen besonderen Typ des Auftretens von Mineralien in magmatischen Gesteinen stellen die Kimberlit-Pipes dar. Dieser Kimberlit enthält eingewachsene Diamantkristalle, die das glutflüssige Magma aus der Tiefe, dort wo hohe Drücke und Temperaturen das Wachstum solcher Kristalle begünstigen, heraufgebracht hat.

Pegmatite sind sehr grobkörnige Gesteine, die Spalten eines älteren Gesteinskörpers ausgefüllt haben. Sie bestehen hauptsächlich aus Feldspat, Quarz und Glimmer. Zusätzlich

Einleitung

enthalten Pegmatite oft eine ganze Reihe von Mineralien, oft auch Edelstein-Mineralien, die in großen Kristallen im Gestein eingewachsen sind, so z.B. Beryll, Topas, Turmalin und andere. Diese Kristalle sind allerdings fast immer trüb und undurchsichtig und für Schmuckstücke nicht zu gebrauchen.
In Drusen und Hohlräumen innerhalb der Pegmatite finden sich als jüngere Bildungen aber auch schöne aufgewachsene Kristalle, die oft Schleifqualität besitzen. V.a. aus Pegmatiten gewinnt man die Edelsteine Topas, Aquamarin und Morganit.

Pneumatolytische Lagerstätten sind in der Tiefe unserer Erde aus heißen Gasen entstanden. Mineralien, die in solchen Bildungen auftreten können, sind z.B. Zinnstein, Fluorit, Topas und Turmalin. Aus pneumatolytischen Lagerstätten wird besonders Zinn, seltener auch Wolfram gewonnen.

Hydrothermale Gänge: Mit Gang bezeichnet man die Ausfüllung einer Spalte im Gestein mit Mineralien, die jünger als das Gestein sind. Gänge enthalten oft offene Hohlräume, in denen Kristalle frei wachsen können. Hydrothermale Gänge enthalten wichtige Erzminerale, aus denen man Metalle wie Kupfer, Zink, Blei, Silber oder Gold gewinnt. Einen Spezialfall stellen die **alpinen Klüfte** dar: Diese Risse und Spalten im Gestein enthalten wunderschöne und zum Teil sehr große Exemplare von Bergkristall, Rauchquarz, Citrin, Hämatit oder Feldspat.

Vulkanische Bildungen

Beim Abkühlungs- und Verfestigungsprozess glutflüssiger Lava sondern sich die in der Schmelze enthaltenen Gase ab. Ein Teil tritt an der Oberfläche des Lavastroms aus, ein Teil bleibt in Form von »Gasblasen« im schnell fest werdenden Gestein stecken und bildet auf diese Weise mehr oder weniger runde Hohlräume, die viele Zentimeter, selten auch Meter groß sein können. Diese Hohlräume können im Laufe des Abkühlungsprozesses des bereits festen Gesteins durch eindringende heiße Lösungen mit Mineralbildungen gefüllt werden. Riesige Vor-

Quarzdruse aus Mexiko

kommen solcher Mineralbildungen in Brasilien und Uruguay liefern große Mengen Amethyst und Achat. Viele Zeolithmineralien, wie Phillipsit, Chabasit oder Stilbit, haben in diesen Hohlräumen ebenfalls ihre Hauptvorkommen.

Sedimentäre Bildungen

Auf Klüften von Verwitterungsbildungen silikatischer Gesteine kann sich bei Vorhandensein bereits geringer Kupfergehalte das als Schmuckstein sehr beliebte Kupferphosphat Türkis bilden. Bei der Verwitterung kieselsäurereicher Gesteine können sich, v.a. in Wüstengebieten, im Bereich des Grundwasserspiegels, Ablagerungen der Kieselsäure in Form von Opal bilden.

Oxidations- und Zementationszone: Wo eine Ganglagerstätte bis an die Erdoberfläche reicht, ist sie in Aussehen und Mineralgehalt stark verändert. Der Gang enthält keine sulfidischen Erze mehr, das häufigste Mineral ist das Eisenhydroxid Limonit, mit ihm verwachsen oder in seinen Höhlungen aufgewachsen findet man Oxidationsmineralien wie Malachit, Azurit, Wulfenit, Vanadinit, Zinkspat und andere. Einige der Mineralien, die in der Oxidationszone v.a. von Kupferlagerstätten vorkommen, werden zu Schmuckzwecken verschliffen. Neben dem am weitesten verbreiteten Malachit sind es auch Chrysokoll, Azurit und Türkis.

Seifen: Dass man aus dem Sand von Bächen und Flüssen manchmal Gold herauswaschen kann, ist bekannt. Weniger bekannt ist, dass dort auch andere Mineralien zu finden sind. Es sind v. a. Mineralien, die sich durch ihr hohes spezifisches Gewicht und ihre chemische Widerstandsfähigkeit auszeichnen, wie Platin, Granat, Ilmenit, Rutil, Monazit sowie zahlreiche Edelstein-Mineralien wie Diamant, Rubin, Saphir, Chrysoberyll, Topas, Spinell und andere. Solche Lagerstätten nennt man Seifen.

Metamorphe Bildungen: Typische Mineralien, die in metamorphen Gesteinen und hier v.a. in Marmoren vorkommen, sind Rubin und Spinell, seltener auch Saphir. In Gneisen oder Glimmerschiefern finden sich manchmal Lagerstätten mit Kristallen von Smaragd. Auch Granatkristalle aus Glimmerschiefern (meist Almandine) wurden lange Zeit zur Gewinnung von Steinen für den traditionellen mitteleuropäischen Granatschmuck gewonnen.

Einleitung

Mineralien und Gesteine sammeln

Das Sammeln von Mineralien ist ein beliebtes und weltweit verbreitetes Hobby. Die einfachste, aber auch teuerste Möglichkeit, Mineralien zum Aufbau einer Sammlung zu erwerben, ist, sie zu kaufen. Dafür gibt es Spezialgeschäfte in allen größeren Städten, aber auch Geschäfte in Urlaubsgebieten und Touristenorten führen oft Mineralien, manchmal aus der Gegend, meist aber aus aller Welt.

Eine Besonderheit sind die Mineralienbörsen. Dies sind Verkaufsmessen, auf denen Händler aus aller Welt ihr Angebot ausstellen. Während man beim Besuch eines Geschäfts auf das Angebot dieses einen Händlers angewiesen ist, bietet eine Mineralienbörse die Möglichkeit zum Vergleich. Dabei wird man schnell feststellen, dass ein und dasselbe Mineral bei verschiedenen Händlern sehr unterschiedlich teuer sein kann, selbst wenn es vom gleichen Fundort stammt. Vergleich ist also unbedingt nötig. Wer beim erstbesten Anbieter kauft, zahlt oft unnötig viel. Dabei ist ein Börsenanbieter nicht automatisch billiger als der Inhaber eines Ladengeschäfts. Die Standmieten auf Börsen sind teuer, der Aussteller ist oft von weither angereist, all das muss der Käufer mitbezahlen. Eines ist allerdings auf Börsen unvergleichlich: die Größe der Auswahl. Selbst wenn der Geldbeutel klein ist und man eigentlich nichts kaufen kann, ist die Information, das Wissen, das man aus einem Börsenbesuch ziehen kann, enorm. Große Börsen, wie etwa die Münchner Mineralientage, bieten zusätzlich Sonderausstellungen, die allein schon den Besuch wert sind.

BESONDERHEIT
Fundstellen, Steinbrüche, Bergwerkshalden sind Privatbesitz. Vor dem Betreten muss immer um Sammel-Erlaubnis gefragt werden!

In der Regel billiger, befriedigender, aber auch sehr viel anstrengender ist es, seine Mineralien selber zu sammeln. Zum Anlegen einer Gesteinssammlung ist das sogar praktisch der einzige Weg, da Gesteine für Sammlungszwecke kaum im Handel angeboten werden. Prinzi-

Sammlungsschrank für Mineralien

piell ist das Sammeln überall dort möglich, wo die oberste Erdschicht abgetragen oder gar nicht vorhanden ist oder wo Eingriffe in die Erdkruste stattgefunden haben. Beste Fundmöglichkeiten bieten Steinbrüche, die Abraumhalden von Bergwerken, in den Bergen auch Schutthalden und die Bachbetten von Gebirgsbächen. Die Fundmöglichkeiten sind natürlich nicht immer gleich, Auskünfte über besonders gute Fundstellen bieten z.B. spezielle Fundstellenführer.

Will man Mineralien und Gesteine selber sammeln, benötigt man Werkzeuge, wie etwa einen Geologenhammer, einen Fäustel zum Zerschlagen größerer Brocken und verschiedene Meißel. Solche Werkzeuge kann man zum Teil im Baumarkt erwerben, speziell für das Mineraliensammeln hergestellte Werkzeuge findet man, genauso wie z.B. Härteskalen, Strichtafeln, Lupen und Mikroskope, in Spezialgeschäften.

Edelsteine sammeln

Edelsteine sammeln ist zum beliebten Hobby geworden. Natürlich trägt man die geschliffenen Steine nicht als Schmuck am Körper, sondern verwahrt sie in extra dafür hergestellten Schächtelchen und Schatullen. Dabei ist es möglich und auch besonders reizvoll, auch jene Mineralien im geschliffenen Zustand zu sammeln, die aus bestimmten Gründen, z.B. wegen zu geringer Härte, für die Schmuckproduktion nicht geeignet sind. So kann z.B. facettierter Calcit außerordentlich schön sein, obwohl er wegen seiner geringen Härte zur Herstellung von Schmuck völlig ungeeignet ist.

Wer nicht gerade eine Schleifanlage sein Eigen nennt, muss solche geschliffenen Steine natürlich beim Händler oder beim Schleifer erwerben.

Beim Edelsteinkauf, sei es zu Sammlungszwecken oder um später Schmuck daraus herstellen zu lassen, sind einige Dinge zu beachten:

Kaufen Sie wertvolle Steine nur beim Fachhändler. Der Kauf von Edelsteinen ist, noch viel mehr als der von anderen Gegenständen, Vertrauenssache.

Einleitung

Seien Sie misstrauisch bei besonders günstigen Gelegenheiten – v.a. in Urlaubsländern. Oft werden billige synthetische Steine als echt verkauft. Verlassen Sie sich auch nicht auf mitgelieferte Gutachten. Es ist fast unmöglich festzustellen, ob sich das Zertifikat wirklich auf den Stein, der Ihnen angeboten wird, bezieht. Kaufen Sie auch keine Edelsteine zur Geldanlage. Das ist, wenn überhaupt, nur etwas für Fachleute. In der Regel können Sie nicht erwarten, beim Verkauf den Einkaufspreis, geschweige denn eine Wertsteigerung zu erzielen. Es gibt sehr viel bessere und sicherere Geldanlagen.

So bestimmen Sie ein Mineral.

1. Prüfen Sie die **Strichfarbe**, damit stellen Sie fest, in welcher Abteilung des Buches Sie suchen müssen.
2. Stellen Sie die **Härte** fest. Damit bleiben innerhalb der Gruppe gleicher Strichfarbe nur noch wenige Mineralien übrig, um die es sich handeln könnte.
3. Prüfen Sie die weiteren im Text angegebenen Eigenschaften. Unter dem Stichwort **Ähnliche Mineralien** erfahren Sie, mit welchen Mineralien das von Ihnen favorisierte Mineral verwechselt werden könnte und welche Merkmale Ihnen bei der Unterscheidung helfen können.

Sind Sie zum Ziel gekommen, können Sie unter den Stichworten **Vorkommen** und **Begleitmineralien** weitere interessante Informationen über Ihr Mineral erhalten. Als Begleitmineralien werden manchmal auch Mineralien genannt, die in diesem Bestimmungsbuch nicht beschrieben werden. In diesem Fall helfen Ihnen Spezialwerke weiter, wie sie im Literaturverzeichnis auf Seite 222 verzeichnet sind.

Achat aus Brasilien (links); Quarz-Kristalle aus Frankreich (rechts)

So bestimmen Sie ein Gestein
1. Stellen Sie als Erstes fest, um welche Gesteinsgruppe es sich handelt. Benutzen Sie dazu die Beschreibungen ab S. 188
2. Wissen Sie, in welche Gruppe das Gestein gehört, versuchen Sie, die Hauptgemengteile zu bestimmen. Bei der Unterscheidung von Kalkstein und ähnlichen Gesteinen leistet verdünnte Salzsäure oft gute Dienste.
3. Haben Sie die Hauptgemengteile identifiziert, können Sie das Gestein bereits einer der abgebildeten Gesteinsarten zuordnen. Auffallende Nebengemengteile lassen manchmal sogar eine noch genauere Bestimmung zu (z. B. Hornblende-Granit).

So bestimmen Sie einen Edelstein
Die Bestimmung von Edelsteinen ist nicht ganz einfach, da sich verschiedene Bestimmungsmethoden für Mineralien, z. B. die Härteprüfung oder die Prüfung von Bruch und Spaltbarkeit, von selbst verbieten. Der wertvolle Stein darf ja nicht beschädigt werden. Allerdings gibt es sehr viel weniger Edelsteine als Mineralien und daher sehr viel weniger Verwechslungsmöglichkeiten.
1. Stellen Sie als Erstes fest, welche Farbe der Edelstein hat und ob er durchsichtig oder undurchsichtig ist.
2. Suchen Sie sich nun im Bestimmungsteil einen beliebigen Edelstein mit diesen Eigenschaften aus. Unter dem Stichwort Unterscheidungsmöglichkeiten erfahren Sie, welche Edelsteine die gleichen Eigenschaften haben und wie Sie sie unterscheiden können. So erfahren Sie auf kürzestem Weg, welchen Edelstein Sie besitzen.

Facettierter Goldberyll (links); böhmischer Granatschmuck (rechts)

STRICHFARBE: BLAU

ARKANSAS/USA

 Chalkanthit
Kupfervitriol $CuSO_4 \cdot 5\,H_2O$

Härte 2

Dichte	2,2–2,3
Farbe	Blau
Glanz	Glasglanz
Spaltbarkeit	Kaum erkennbar
Bruch	Muschelig
Tenazität	Spröde
Kristallform	Triklin; selten prismatisch, linsenförmig, stalaktitisch, krustig, derb
Vorkommen	In der Oxidationszone von sulfidischen Kupferlagerstätten; oft entstanden aus den an sich recht geringen Kupfergehalten in Pyritlagerstätten; die Bildung ist abhängig von den Niederschlägen.
Begleitmineralien	Kupferkies, Malachit, Brochantit
Ähnliche Mineralien	Azurit ist dunkler blau und nicht wasserlöslich.

BESONDERHEIT
Chalkanthit ist sehr gut in Wasser löslich. Er findet sich also nur dort, wo er vor Niederschlägen geschützt ist, z.B. in alten Bergwerksstollen, unter Überhängen und besonders in Wüsten.

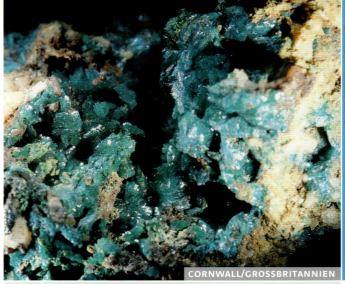

CORNWALL/GROSSBRITANNIEN

STRICHFARBE: BLAU

Lirokonit
Linsenerz $Cu_2Al(AsO_4)(OH)_4 \cdot 4\,H_2O$ Härte 2–2½

Dichte	2,95
Farbe	Blau bis blaugrün
Glanz	Glasglanz
Spaltbarkeit	Schlecht
Bruch	Muschelig
Tenazität	Spröde
Kristallform	Monoklin; tafelig, prismatisch, linsenförmig, krustig, erdig, derbe Überzüge
Vorkommen	In der Oxidationszone von Kupferlagerstätten, deren Erze einen gewissen Arsengehalt aufweisen, z.B. aus Primärerzen wie Fahlerz oder Arsenkies. Tyische Paragenese mit vielen anderen Arsenatmineralien
Begleitmineralien	Klinoklas, Azurit, Malachit
Ähnliche Mineralien	Azurit und Malachit haben eine andere Farbe und brausen mit Salzsäure.

BESONDERHEIT
Lirokonit heißt Linsenerz, weil seine Kristalle oft linsenförmig ausgebildet sind. Die besten Lirokonit-Stufen stammen aus Cornwall in Großbritannien.

STRICHFARBE: BLAU

CORNWALL/GROSSBRITANNIEN

 Connellit
$Cu_{19}Cl_4SO_4(OH)_{32} \cdot H_2O$ Härte 3

Dichte	3,41
Farbe	Blau
Glanz	Glasglanz
Spaltbarkeit	Nicht erkennbar
Bruch	Muschelig
Tenazität	Spröde
Kristallform	Hexagonal; nadelig, oft zu Büscheln verwachsen, radialstrahlig
Vorkommen	In der Oxidationszone von Kupferlagerstätten
Begleitmineralien	Azurit, Malachit, Olivenit, Lirokonit, Chalkanthit
Ähnliche Mineralien	Cyanotrichit lässt sich von Connellit mit einfachen Mitteln manchmal nicht unterscheiden, ist aber meist etwas heller blau; Azurit ist dunkler blau; Agardit ist etwas grünlich und hat keinen blauen Strich.

BESONDERHEIT
Connellit ist ein chlorhaltiges Mineral, das nur dort vorkommt, wo das zu seiner Bildung nötige Salz vorhanden ist, also z. B. in Wüsten oder in Lagerstätten, die sich nah am Meer befinden.

TSUMEB/NAMIBIA

Azurit
Kupferlasur $Cu_3[OH/CO_3]_2$ Härte 3½–4

Dichte	3,7–3,9
Farbe	Tiefblau, derb etwas heller
Glanz	Glasglanz
Spaltbarkeit	Vollkommen
Bruch	Muschelig
Tenazität	Spröde
Kristallform	Monoklin; säulig bis tafelig, kugelige Gruppen und Krusten, radialstrahlig, derb, erdig
Vorkommen	In der Oxidationszone von Kupferlagerstätten, insbesondere solchen, die als Primärerz Fahlerz oder andere arsenhaltige Kupfererze enthalten
Begleitmineralien	Malachit, Cuprit und viele andere Kupferoxidationsmineralien
Ähnliche Mineralien	Die Farbe, das Brausen beim Betupfen mit Salzsäure und das Vorkommen unterscheiden Azurit von allen anderen Mineralien.

BESONDERHEIT

Azurit wandelt sich beim Kontakt mit der Atmosphäre in Jahrhunderten in Malachit um. Kristalle, die noch die Form von Azurit zeigen, aber aus Malachit bestehen, heißen Pseudomorphosen.

STRICHFARBE: BLAU

STRICHFARBE: BLAU

SAR-E-SANG/AFGHANISTAN

Lasurit
Lapis-Lazuli $Na_8[S/(AlSiO_4)_6]$ Härte 5–6

Dichte	2,38–2,42
Farbe	Blau
Glanz	Glasglanz, auf dem Bruch Fettglanz
Spaltbarkeit	Kaum erkennbar
Bruch	Muschelig
Tenazität	Spröde
Kristallform	Kubisch; selten Rhombendodekaeder, immer eingewachsen, meist derb, körnig, dicht
Vorkommen	In natriumreichen Marmoren; Lasurit kommt nur in wenigen Lagerstätten auf unserer Erde vor, wird dort aber dann meist in großen Mengen gefunden. Die Hauptvorkommen des reichsten Materials liegen in Afghanistan, reichlicheres Material kommt daneben noch aus der Gegend des Baikalsees in Russland und aus Chile.
Begleitmineralien	Diopsid, Pyrit, Kalkspat
Ähnliche Mineralien	Azurit braust mit verdünnter Salzsäure.

BESONDERHEIT
Lapis-Lazuli war und ist auch noch heute das teuerste blaue Farbpigment. Im Gegensatz zum ebenfalls für diesen Zweck verwendeten Azurit ist er an Luft stabil und wird nicht grün.

BRÄUNSDORF/SACHSEN

STRICHFARBE: ROT

 Kermesit
Rotspießglanz Sb_2S_2O Härte 1–1½

Dichte	4,68
Farbe	Rot
Glanz	Glas- bis Diamantglanz
Spaltbarkeit	Kaum erkennbar
Bruch	Faserig
Tenazität	Milde
Kristallform	Monoklin; nadelig, haarförmig, als dünner Überzug auf Antimonit
Vorkommen	In der Oxidationszone von Antimonlagerstätten
Begleitmineralien	Antimonit, Quarz, Valentinit
Ähnliche Mineralien	Bei Beachtung der Paragenese mit Antimonit ist Kermesit unverwechselbar; Realgar hat einen gelben Strich und tritt normalerweise nicht so nadelig auf, alle anderen roten Mineralien sind viel härter als Kermesit.

BESONDERHEIT
Früher nannte man alle nadeligen glänzenden Erzminerale Spießglanze. Die weitere Einteilung erfolgte dann nach der Farbe, z.B. Rotspießglanz oder Grauspießglanz.

STRICHFARBE: ROT

BOU AZZER/MAROKKO

 Erythrin
Kobaltblüte $Co_3(AsO_4)_2 \cdot 8\,H_2O$ Härte 2

Dichte	3,07
Farbe	Rot, mit Stich ins Violette, rosa
Glanz	Glasglanz, auf Spaltflächen Perlmuttglanz, in Krusten auch erdig matt
Spaltbarkeit	Vollkommen
Bruch	Uneben
Tenazität	Milde, dünne Blättchen biegsam
Kristallform	Monoklin; nadelig bis tafelig, strahlig, erdig, krustig, derb
Vorkommen	In der Oxidationszone Kobalt führender Lagerstätten; hervorragende Kristalle stammen zum Beispiel von Schneeberg in Sachsen
Begleitmineralien	Safflorit, Kobaltglanz, Skutterudit, gediegen Wismut
Ähnliche Mineralien	Die charakteristische rosaviolette bis rosa Farbe von Erythrin erlaubt keine Verwechslung.

BESONDERHEIT
Rosafarbene Überzüge von Kobaltblüte auf Erzen oder Gesteinsbruchstücken sind ein deutlicher Hinweis darauf, dass in ihnen Kobalt enthalten ist.

BAIA SPRIE/RUMÄNIEN

STRICHFARBE: ROT

 Miargyrit
$AgSbS_2$

Härte 2½

Dichte	5,25
Farbe	Grau bis schwarz
Glanz	Metallglanz
Spaltbarkeit	Nicht erkennbar
Bruch	Muschelig
Tenazität	Spröde
Kristallform	Monoklin; dicktafelige bis blockige Kristalle, derbes Erz
Vorkommen	In hydrothermalen Silbererzgängen; hervorragende Kristalle zum Beispiel in Bräunsdorf bei Freiberg in Sachsen
Begleitmineralien	Pyrargyrit, Argentit
Ähnliche Mineralien	Stephanit und Polybasit haben einen grauen bis schwarzen Strich; Proustit ist intensiv rot; Pyrargyrit ist zumindest rötlich.

BESONDERHEIT

Miargyrit gehört zu den silberreichen Erzmineralien, die besonders in der Zementationszone von Erzlagerstätten auftreten und dort für die hohen Silbergehalte verantwortlich sind.

STRICHFARBE: ROT

EISENERZ/STEIERMARK

 Zinnober
Cinnabarit HgS

Härte 2–2½

Dichte	8,1
Farbe	Hellrot, dunkelrot, braunrot
Glanz	Diamantglanz, feinkörnig, oft matt
Spaltbarkeit	Nach dem Prisma vollkommen
Bruch	Splittrig
Tenazität	Milde
Kristallform	Trigonal; selten dicktafelig bis rhomboedrisch; meist derb, körnig, erdig, strahlig
Vorkommen	In niedrig temperierten hydrothermalen Gängen, in der Oxidationszone, an Austrittsstellen von vulkanischen Gasen auf dem Nebengestein
Begleitmineralien	Quarz, Chalcedon, Pyrit, Fluorit
Ähnliche Mineralien	Rote Zinkblende ist viel leichter, härter und hat eine andere Spaltbarkeit; Hämatit, Cuprit und Rutil sind härter.

BESONDERHEIT
Zinnober ist das einzige Quecksilbererz. Quecksilber wird v. a. in der Regeltechnik (Thermometer), in der Zahnmedizin (Amalgam) und zur Herstellung von Pestiziden verwendet.

SCHLEMA/SACHSEN

STRICHFARBE: ROT

Proustit
Lichtes Rotgültigerz Ag_3AsS_3 **Härte** 2½

Dichte	5,5–5,7
Farbe	Scharlach- bis zinnoberrot
Glanz	Diamant- bis Metallglanz, manchmal matt angelaufen
Spaltbarkeit	Nach dem Rhomboeder manchmal erkennbar
Bruch	Muschelig
Tenazität	Spröde
Kristallform	Trigonal; prismatische bis pyramidale Kristalle sind meist aufgewachsen, oft tritt Proustit aber derb auf
Vorkommen	In subvulkanischen Gold-Silber-Lagerstätten und in hydrothermalen Gängen
Begleitmineralien	Argentit, Stephanit, Polybasit, gediegen Silber
Ähnliche Mineralien	Pyrargyrit ist dunkler und hat einen dunkleren Strich; Cuprit hat eine andere Kristallform.

BESONDERHEIT
Proustit und Pyrargyrit ähneln sich in der Kristallform sehr, haben aber eine verschieden intensive Farbe. Daher unterschied man sie früher als Lichtes (= helles) und Dunkles Rotgültigerz.

STRICHFARBE: ROT

ST. ANDREASBERG/HARZ

  Pyrargyrit
Dunkles Rotgültigerz Ag_3SbS_3 Härte $2\frac{1}{2}$–3

Dichte	5,85
Farbe	Dunkelrot bis grauschwarz, rot durchscheinend
Glanz	Metallglanz
Spaltbarkeit	Manchmal erkennbar
Bruch	Muschelig
Tenazität	Spröde
Kristallform	Trigonal; rhomboeder- und skalenoederähnlich, manchmal prismatisch, immer aufgewachsen, selten derb eingewachsen
Vorkommen	In Silbererzgängen, besonders in der Reicherzzone zusamen mit anderen Silbermineralien
Begleitmineralien	Proustit, Argentit, Stephanit, Bleiglanz, Kalkspat
Ähnliche Mineralien	Proustit ist heller rot; dunkel angelaufen unterscheidet sich Proustit von Pyrargyrit durch den helleren Strich.

BESONDERHEIT
Pyrargyrit war früher in den Reicherzzonen der Bergbaue ein wichtiges Silbermineral, z. B. in den Lagerstätten von St. Andreasberg. Heute hat es keine wirtschaftliche Bedeutung mehr.

DUNDAS/TASMANIEN

STRICHFARBE: ROT

Krokoit
Rotbleierz PbCrO$_4$ Härte 2½–3

Dichte	5,9–6,0
Farbe	Rot mit gelegentlichem Stich ins Gelbe
Glanz	Fettglanz bis Diamantglanz
Spaltbarkeit	Erkennbar
Bruch	Muschelig
Tenazität	Milde
Kristallform	Monoklin; nadelig bis prismatisch, tafelig, derb, als Anflug
Vorkommen	In der Oxidationszone von Bleilagerstätten beim Kontakt mit Chrom führenden Verwitterungslösungen
Begleitmineralien	Cerussit, Pyromorphit, Embreyit, Dundasit
Ähnliche Mineralien	Zinnober hat eine andere Kristallform; Realgar unterscheidet sich durch seine Paragenese; Cuprit hat eine andere Kristallform.

BESONDERHEIT
Krokoit ist ein ungewöhnliches Mineral, da zu seiner Bildung zwei Elemente nötig sind: Dies sind Blei und Chrom, die nur in ganz seltenen Ausnahmefällen zusammen vorkommen.

STRICHFARBE: ROT

MICHIGAN/USA

Kupfer, gediegen
Cu   Härte 2½–3

Dichte	8,93
Farbe	Kupferrot, oft dunkler angelaufen
Glanz	Metallglanz
Spaltbarkeit	Keine
Bruch	Hakig
Tenazität	Milde, dehnbar
Kristallform	Kubisch; Würfel, Oktaeder, meist stark verzerrt, skelettförmig, blech-, drahtförmig, derb
Vorkommen	In der Zementationszone vieler Kupferlagerstätten, dort oft in großen Massen und Blechen (bis mehrere Tonnen Gewicht), in Blasenhohlräumen vulkanischer Gesteine
Begleitmineralien	Malachit, Cuprit, Kupferglanz, Buntkupferkies, Kalkspat
Ähnliche Mineralien	Silber hat eine andere Farbe und anderen Strich. Mit Malachit überzogenes Kupfer zeigt beim Ritzen immer seine wahre kupferrote Farbe.

BESONDERHEIT
Der Begriff »gediegen« wird besonders bei Metallen verwendet und bedeutet, dass dieses Element im vorliegenden Fall als reines Metall und nicht als Verbindung in der Natur auftritt.

GRUBE WOLF/SIEGERLAND

STRICHFARBE: ROT

Cuprit
Rotkupfererz, Chalkotrichit Cu_2O Härte 3½–4

Dichte	6,15
Farbe	Tiefrot bis braunrot
Glanz	Metallglanz, Diamantglanz, in Aggregaten auch matt
Spaltbarkeit	Nach dem Oktaeder erkennbar
Bruch	Muschelig
Tenazität	Spröde
Kristallform	Kubisch; oktaedrisch, seltener würfelig, haarförmig (Chalkotrichit), körnig, derb
Vorkommen	In der Oxidationszone von Kupferlagerstätten
Begleitmineralien	Gediegen Kupfer, Malachit, Limonit
Ähnliche Mineralien	Hämatit ist härter, Zinnober hat andere Kristallform; charakteristisch für Cuprit ist die Paragenese mit Malachit.

BESONDERHEIT
Wenn derber Cuprit mit dem Eisenmineral Limonit vermengt ist, ergibt sich eine derbe, erdige ziegelrote Masse, die man als Ziegelerz bezeichnet.

FIBBIA/SCHWEIZ

Hämatit
Roteisenstein, Eisenglimmer Fe_2O_3 Härte 6½

Dichte	5,2–5,3
Farbe	Derbe Aggregate (Roter Glaskopf) und dünne Blättchen rot, sonst metallisch schwarzgrau, oft bunt angelaufen
Glanz	Metallglanz bis matt
Spaltbarkeit	Keine, aber oft blättrig
Bruch	Muschelig
Tenazität	Spröde
Kristallform	Trigonal; dipyramidal, an Oktaeder erinnernd, dick- bis dünntafelig, rosettenförmig (Eisenrosen), oft derb, blättrig, radialstrahlig, mit glatter Oberfläche (Roter Glaskopf), erdig, krustig
Vorkommen	Mikroskopisch in fast allen, besonders metamorphen Gesteinen, dort auch größere Lagerstätten; in pneumatolytischen und hydrothermalen Gängen, an Austrittsstellen vulkanischer Gase (so genannte Fumarolenspalten); als färbender Bestandteil vieler Sedimentgesteine, in kontaktmetasomatischen Lagerstätten. Tongesteine, die durch hohe Gehalte an fein verteiltem Hämatit ausgezeichnet sind, werden als Rötel bezeichnet. Schöne Kristalle, speziell

CUMBERLAND/GROSSBRITANNIEN

STRICHFARBE: ROT

auch rosettenförmige Aggregate, die Eisenrosen, finden sich besonders auf alpinen Klüften der österreichischen und Schweizer Alpen. Hervorragende flächenreiche Hämatitkristalle stammen aus den Eisenlagerstätten der italienischen Insel Elba. Besonders schöner Roter Glaskopf kommt aus Cumberland. Dieses Material wird auch zu Schmucksteinen verschliffen und als Blutstein bezeichnet. Der Name wurde aufgrund der Beobachtung gegeben, dass Hämatit beim Schleifen wegen seiner roten Strichfarbe die Schleifflüssigkeit rot färbt, eben als ob der Stein bluten würde.

Begleitmineralien	Magnetit, Pyrit
Ähnliche Mineralien	Magnetit und Ilmenit haben schwarzen Strich, Letzterer ist allerdings von titanhaltigem Hämatit kaum zu unterscheiden; Brauner Glaskopf (Goethit) hat einen braunen Strich; Cuprit, Zinnober, Realgar sind weicher.

BESONDERHEIT
Rötel wird zur Herstellung von Zeichnungen (Rötelzeichnungen) verwendet. Wegen seiner Hitzebeständigkeit dient er zum Färben von Fliesen und anderen Tongegenständen.

STRICHFARBE: GELB

HUNAN/CHINA

 Realgar
AsS

Härte 1½

Dichte	3,5–3,6
Farbe	Tiefrot bis etwas orange; durchscheinend bis undurchsichtig
Glanz	Diamantglanz bis Fettglanz
Spaltbarkeit	Kaum erkennbar
Bruch	Muschelig
Tenazität	Dünne Blättchen biegsam, milde
Kristallform	Monoklin; prismatisch, nadelig, pulvrig, derb
Vorkommen	In Erzgängen niedriger Bildungstemperatur, als Abscheidung heißer Quellen und vulkanischer Gase, auf Tonen und Kalksteinen, als Verwitterungsprodukt von arsenhaltigen Erzen
Begleitmineralien	Auripigment, Antimonit, Dolomit
Ähnliche Mineralien	Cuprit hat eine andere Kristallform und und einen anderen Strich; Zinnober ist viel schwerer und hat im Gegensatz zu Realgar eine vollkommene Spaltbarkeit.

BESONDERHEIT
Realgar wandelt sich am Licht langsam in ein orangegelbes Pulver gleicher Zusammensetzung um, daher ist er in Sammlungen unbedingt vor Licht zu schützen.

TAVETSCH/SCHWEIZ

STRICHFARBE: GELB

Auripigment
Rauschgelb As_2S_3 Härte $1\tfrac{1}{2}$–2

Dichte	3,48
Farbe	Zitronengelb bis orangegelb
Glanz	Fettglanz
Spaltbarkeit	Sehr vollkommen
Bruch	Blättrig
Tenazität	Milde, schneidbar, dünne Blättchen von Auripigment sind biegsam
Kristallform	Monoklin; Kristalle prismatisch, nadelig, linsenförmig, radialstrahlig, blättrig, strahlig, derb
Vorkommen	In hydrothermalen Gängen und auf Klüften und Rissen in Tongesteinen
Begleitmineralien	Realgar, Arsenmineralien
Ähnliche Mineralien	Greenockit hat andere Kristallform, seine Paragenese mit Zinkblende ist charakteristisch.

BESONDERHEIT
Auripigment wird auch als gelbes Farbpigment verwendet. Im Gegensatz zum natürlichen ist das oft in der Malerei verwendete so genannte »synthetische Auripigment« giftig.

STRICHFARBE: GELB

KALIFORNIEN/USA

Gold, gediegen
Au   Härte 2½–3

Dichte	15,5–19,3
Farbe	Gold- bis messinggelb
Glanz	Metallglanz
Spaltbarkeit	Keine
Bruch	Hakig
Tenazität	Milde, sehr dehnbar, kann zu Blättchen gehämmert und zu Drähten gezogen werden
Kristallform	Kubisch; Oktaeder, Würfel, selten gut ausgebildet, meist verzerrt, skelettförmig, blechförmig, drahtförmig, oft derb, eingewachsen, abgerollte Nuggets
Vorkommen	In hydrothermalen Quarzgängen hoher bis mäßiger Temperatur, in Seifen in Flüssen und Bächen
Begleitmineralien	Quarz, Arsenkies, Pyrit, Turmalin, Fluorit
Ähnliche Mineralien	Pyrit, Kupferkies und Markasit haben einen anderen Strich und sind nicht dehnbar.

5BESONDERHEIT
Gold ist das erste Metall, das in der Geschichte der Menschheit verwendet wurde. Man musste es nicht aus anderen Erzen gewinnen und konnte es kalt, nur durch Hämmern, verarbeiten.

SVAPPAVAARA/SCHWEDEN

STRICHFARBE: GELB

 Kakoxen
$Fe_4[OH/PO_4]_3 \cdot 12\,H_2O$ Härte 3

Dichte	2,3
Farbe	Goldgelb bis bräunlich
Glanz	Seidenglanz bis Glasglanz
Spaltbarkeit	Wegen seiner dünnnadeligen bis faserigen Ausbildung nicht erkennbar
Bruch	Faserig
Tenazität	Spröde
Kristallform	Hexagonal; nadelig, haarförmig, meist kugelig, faserig, radialstrahlig
Vorkommen	In Phosphatpegmatiten und Brauneisenlagerstätten
Begleitmineralien	Beraunit, Strengit, Rockbridgeit
Ähnliche Mineralien	Strunzit ist blasser gelb, aber manchmal mit einfachen Mitteln von Kakoxen nicht zu unterscheiden.

BESONDERHEIT
Der Name des Kakoxens stammt aus dem Griechischen und heißt so viel wie »ungebetener Gast«. Kakoxen kommt nämlich in Eisenerzen vor, wo es den unerwünschten Phosphorgehalt anzeigt.

STRICHFARBE: GELB

TSUMEB/NAMIBIA

 Beudantit
PbFe$_3$[(OH)$_6$/SO$_4$/AsO$_4$]

Härte 4

Dichte	4,3
Farbe	Gelb, braun, grünlich, oliv
Glanz	Glasglanz
Spaltbarkeit	Keine
Bruch	Muschelig
Tenazität	Spröde
Kristallform	Trigonal; rhomboedrisch, pseudowürfelig, tafelig, krustig, erdig, derb
Vorkommen	In der Oxidationszone von Blei führenden Lagerstätten, die auch Arsen führende Primärminerale aufweisen
Begleitmineralien	Mimetesit, Jarosit, Konichalcit
Ähnliche Mineralien	Jarosit und Natrojarosit sind etwas weicher und zeigen im Gegensatz zu Beudantit eine Spaltbarkeit; Tsumcorit ist etwas härter und hat eine andere Kristallform.

BESONDERHEIT
Beudantit hat eine technische Bedeutung als Speichermineral in Deponien, da es die beiden wichtigen Umweltgifte Blei und Arsen einbauen und so aus dem Grundwasser fern halten kann.

TSUMEB/NAMIBIA

STRICHFARBE: GELB

Tsumcorit
$PbZnFe(AsO_4)_2 \cdot H_2O$

Härte 4½

Dichte	5,2
Farbe	Gelblich braun bis orange
Glanz	Glasglanz
Spaltbarkeit	Nicht erkennbar
Bruch	Uneben
Tenazität	Spröde
Kristallform	Monoklin; kurzprismatisch, tafelig, blättrig, radialstrahlig, erdige Krusten
Vorkommen	In der Oxidationszone Blei und Zink führender Lagerstätten
Begleitmineralien	Malachit, Cerussit, Mimetesit
Ähnliche Mineralien	Mimetesit hat eine andere Kristallform; Beudantit ist meist eher braun, aber manchmal mit einfachen Mitteln nicht zu unterscheiden.

BESONDERHEIT

Tsumcorit wurde erstmals in der Lagerstätte Tsumeb in Namibia gefunden. Deshalb wurde es nach der Firma, die diese Lagerstätte abbaute, der Tsumeb Corporation, benannt.

STRICHFARBE: BRAUN

RÜDERSDORF/BERLIN

Sphalerit
Zinkblende, Schalenblende ZnS   Härte 3½–4

Dichte	3,9–4,2
Farbe	Gelb, braun, rot, grün, schwarz, selten weiß
Glanz	Halbmetallischer Diamantglanz
Spaltbarkeit	Vollkommen nach dem Rhombendodekaeder
Bruch	Muschelig, splittrig
Tenazität	Spröde
Kristallform	Kubisch; oft aufgewachsene Kristalle, v.a. Tetraeder, Rhombendodekaeder, durch Kombination zweier Tetraeder oft oktaederähnlich, Flächen oft gestreift, oft verzwillingt, derb radialstrahlig, spätig, körnig
Vorkommen	In Graniten, Gabbros, kontaktmetasomatischen Lagerstätten, hydrothermalen Gängen, sedimentären und metamorphen Lagerstätten
Begleitmineralien	Bleiglanz, Pyrit, Kalkspat, Baryt, Kupferkies
Ähnliche Mineralien	Von Bleiglanz, Granat, Fahlerz und Schwefel unterscheidet sich Zinkblende durch Härte und Spaltbarkeit.

BESONDERHEIT
Schalenblende werden rundliche, nierige Aggregate von Zinkblende genannt, die aus helleren und dunkleren Lagen bestehen und wie ein brauner Achat aussehen können.

ILFELD/HARZ

STRICHFARBE: BRAUN

 Manganit
MnOOH

Härte 4

D chte	4,3–4,4
Farbe	Braunschwarz bis schwarz
G anz	Metallglanz
Spaltbarkeit	Deutlich
Bruch	Uneben
Tenazität	Spröde
Kristallform	Monoklin; lang- bis kurzprismatisch, selten tafelig, kreuzförmige Zwillinge, radialstrahlig, erdig, derb
Vorkommen	In hydrothermalen Gängen zusammen mit anderen Manganerzen
Begleitmineralien	Pyrolusit, Limonit, Braunit, Baryt, Kalkspat
Ähnliche Mineralien	Goethit hat eine andere Farbe, Pyrolusit einen rein schwarzen Strich.

BESONDERHEIT
Die schönsten Manganit-Kristallstufen der Welt mit Kristallen bis 10 cm Länge kommen aus Deutschland, und zwar aus der Lagerstätte von Ilfeld im Harz.

STRICHFARBE: BRAUN

ILMENAU/THÜRINGEN

 ## Hausmannit
Mn_3O_4

Härte 5½

Dichte	4,7–4,8
Farbe	Eisenschwarz, etwas bräunlich
Glanz	Metallglanz
Spaltbarkeit	Vollkommen nach der Basis
Bruch	Uneben
Tenazität	Spröde
Kristallform	Tetragonal; oktaederähnlich, häufig gesetzmäßige Verwachsung von fünf Kristallen (Fünflinge), wie abgebildet, körnig, derb
Vorkommen	In metamorphen Manganlagerstätten, auf hydrothermalen Manganerzgängen
Begleitmineralien	Braunit, Manganit, Baryt, Calcit, Pyrolusit
Ähnliche Mineralien	Magnetit hat schwarzen Strich, Braunit eine viel schlechtere, meist nicht erkennbare Spaltbarkeit; Manganit und Pyrolusit haben eine andere Kristallform.

BESONDERHEIT
Hausmannit bildet oft so genannte Fünflinge (siehe Foto). Dabei sind fünf Einzelkristalle so miteinander verwachsen, dass sie einen oktaederähnlichen Kristall imitieren.

SIEGERLAND

Goethit
Brauneisenstein, Limonit FeOOH   **Härte** 5–5½

STRICHFARBE: BRAUN

Dichte	4,3
Farbe	Lichtgelb, braun bis schwarzbraun, rötlich braun
Glanz	Metallglanz bis matt
Spaltbarkeit	Vollkommen, aber oft nicht erkennbar
Bruch	Uneben
Tenazität	Spröde
Kristallform	Orthorhombisch; nadelig, strahlig, nierig mit glatter Oberfläche (Brauner Glaskopf), derb, erdig (Limonit)
Vorkommen	Kristalle in Blasenhohlräumen vulkanischer Gesteine, in den Oxidationszonen der verschiedensten Erzlagerstätten
Begleitmineralien	Kommt zusammen mit außerordentlich vielen, insbesondere Oxidationsmineralien vor
Ähnliche Mineralien	Lepidokrokit ist deutlich rötlicher und meist blättrig; Roter Glaskopf hat einen roten, Schwarzer Glaskopf einen schwarzen Strich.

BESONDERHEIT
Goethit wurde nach dem berühmten deutschen Dichter Johann Wolfgang von Goethe benannt, der sich auch viel mit Mineralogie und Bergbau befasst hat.

STRICHFARBE: BRAUN

GULEMAN/TÜRKEI

Chromit
Chromeisenstein, Chromeisenerz (Fe,Mg)Cr$_2$O$_4$ Härte 5½

Dichte	4,5–4,8
Farbe	Braunschwarz bis eisenschwarz
Glanz	Metallglanz bis Fettglanz
Spaltbarkeit	Keine
Bruch	Muschelig
Tenazität	Spröde
Kristallform	Kubisch; selten Oktaeder, meist körnig, derb, oft in Form rundlicher Körner im Gestein eingewachsen
Vorkommen	In basischen Gesteinen wie Peridotit, Anorthosit, Serpentinit in Körnern und Kristallen eingewachsen, wegen seiner hohen Dichte oft auch in Seifenlagerstätten in Form abgerollter Körner
Begleitmineralien	Olivin, Magnetit, Anorthit, Pyroxen
Ähnliche Mineralien	Magnetit hat einen schwarzen Strich und ist deutlich magnetisch; Augit hat eine gute Spaltbarkeit.

BESONDERHEIT

Als Chromerz zur Gewinnung von Chrom ist Chromit besonders dann geeignet, wenn er wenig Eisen und viel Magnesium enthält.

SANGERHAUSEN/THÜRINGEN

STRICHFARBE: BRAUN

Nickelin
Rotnickelkies NiAs Härte 5½

Dichte	7,8
Farbe	Metallisch rosa, dunkler angelaufen
Glanz	Metallglanz
Spaltbarkeit	Meist nicht sichtbar
Bruch	Uneben
Tenazität	Spröde bis milde
Kristallform	Hexagonal; selten Pyramiden und spindelartige Kristalle, Kristalle insgesamt selten, fast immer derb, radialstrahlig
Vorkommen	In hydrothermalen Erzgängen, in Gabbros
Begleitmineralien	Maucherit, Schwerspat, Arsenkies, Nickelblüte
Ähnliche Mineralien	Der viel seltenere Maucherit ist etwas heller, sonst ist Nickelin wegen seiner Farbe unverwechselbar.

BESONDERHEIT
Rotnickelkies gehört zu den seltenen sulfidisch-metallischen Mineralien, die eine andere als schwarze oder graue Farbe aufweisen.

STRICHFARBE: BRAUN

OREGON/USA

 Hypersthen
(Fe,Mg)$_2$[Si$_2$O$_6$]

Härte 5–6

Dichte	3,5
Farbe	Schwarz, dunkelbraun, dunkelgrün
Glanz	Glasglanz, oft metallischer Schimmer
Spaltbarkeit	Erkennbar, oft blättrig, Spaltwinkel etwa 90°
Bruch	Uneben
Tenazität	Spröde
Kristallform	Orthorhombisch; tafelig bis prismatisch, blättrig, körnig, derb
Vorkommen	In magmatischen Gesteinen, in metamorphen Schiefern, in vulkanischen Auswürflingen
Begleitmineralien	Olivin, Diopsid
Ähnliche Mineralien	Bronzit und Enstatit sind von Hypersthen mit einfachen Mitteln oft nicht unterscheidbar; Augit und Hornblende haben eine andere Kristallform, Hornblende zudem noch einen anderen Spaltwinkel.

BESONDERHEIT

Hypersthen weist wie alle Minerale der Pyroxen-Gruppe den typischen Winkel von etwa 90° zwischen seinen Spaltflächen auf.

STRICHFARBE: BRAUN

DAUN/EIFEL

Hornblende
$(Ca,Na,K)_{2-3}(Mg,Fe,Al)_5[(OH,F)_2/(Si,Al)_2Si_6O_{22}]$ **Härte** 5–6

Dichte	2,9–3,4
Farbe	Dunkelgrün, schwarz
Glanz	Glasglanz bis Fettglanz
Spaltbarkeit	Vollkommen, die Spaltflächen bilden einen Winkel von etwa 120°
Bruch	Uneben
Tenazität	Spröde
Kristallform	Monoklin; prismatisch, mit oft dreiflächiger Endbegrenzung, stängelig, derb
Vorkommen	In Graniten, Syeniten, Dioriten und vielen vulkanischen Gesteinen, auf deren Klüften, in Gneisen
Begleitmineralien	Biotit, Augit, Magnetit
Ähnliche Mineralien	Augit hat einen anderen Spaltwinkel als Hornblende; Turmalin hat keine Spaltbarkeit.

BESONDERHEIT

Die Hornblende gehört zur Gruppe der Amphibole, die sich alle durch eine gleiche Kristallstruktur und durch den gleichen Spaltwinkel von etwa 120° auszeichnen.

STRICHFARBE: BRAUN

IBITIARA/BRASILIEN

  Rutil
TiO_2

Härte 6

Dichte	4,2–4,3
Farbe	Strohgelb, gelblich braun, braunrot, rot, schwarz
Glanz	Diamant- bis Metallglanz
Spaltbarkeit	Vollkommen nach dem Prisma, aber nur an dicken Kristallen sichtbar
Bruch	Bruch muschelig
Tenazität	Spröde
Kristallform	Tetragonal; prismatisch bis nadelig, haarförmig, knieförmige Zwillinge, regelrechte Gitter (= Sagenit), zusammen mit Hämatit oder Ilmenit attraktive Sterne
Vorkommen	In Pegmatiten, auf alpinen Klüften, in Sedimentgesteinen, metamorphen Gesteinen und Seifen
Begleitmineralien	Anatas, Brookit, Titanit, Hämatit
Ähnliche Mineralien	Turmalin ist härter und hat anderen Glanz; Magnetit hat anderen Strich; Brookit und Anatas haben eine andere Kristallform.

BESONDERHEIT
Synthetisch hergestellter Rutil (Titandioxid) wird als Titanweiß zur Herstellung hochqualitativer Wandfarben und als Pigment in Sonnenschutzmitteln mit hohem Schutzfaktor verwendet.

VAL CASACCIA/SCHWEIZ

STRICHFARBE: GRÜN

 Chlorit
(Fe,Mg,Al)$_6$[(OH)$_2$/(Si,Al)$_4$O$_{10}$]   Härte 2

Dichte	2,6–3,3 (je nach Eisengehalt)
Farbe	Dunkelgrün bis seltener braun
Glanz	Glasglanz, auf Spaltflächen Perlmuttglanz
Spaltbarkeit	Nach der Basis vollkommen
Bruch	Blättrig
Tenazität	Milde, unelastisch biegsam
Kristallform	Monoklin; dick- bis dünntafelig, wurmförmig, körnig, sandförmig
Vorkommen	In metamorphen Gesteinen (Chloritschiefer) und Sedimenten gesteinsbildend, auf alpinen Klüften, hier auch schöne Kristalle, zum Teil Rosetten bildend. Besonders schöne Chloritkristalle (Klinochlor) werden im Gebiet des Matterhorns bei Zermatt und Saas Fee in der Schweiz gefunden.
Begleitmineralien	Grossular, Rutil, Glimmer, Vesuvian, Diopsid
Ähnliche Mineralien	Glimmer sind härter und elastisch biegsam.

BESONDERHEIT
Die Chlorite bilden eine Mischungsreihe mit vier theoretischen Endgliedern, wichtigere Glieder der Gruppe sind: Pennin (siliciumreich), Klinochlor (magnesium- und aluminiumreich).

STRICHFARBE: GRÜN

CORNWALL/GROSSBRITANNIEN

  Olivenit
$Cu_2[OH/AsO_4]$

Härte 3

Dichte	4,3
Farbe	Hell- bis olivgrün, schwarzgrün, braun, weißlich
Glanz	Glasglanz bis Seidenglanz
Spaltbarkeit	Keine
Bruch	Muschelig
Tenazität	Spröde
Kristallform	Orthorhombisch; tafelig bis prismatisch, nadelig, haarförmig, faserig, strahlig, traubig, nierig, erdig
Vorkommen	In der Oxidationszone von Kupferlagerstätten
Begleitmineralien	Cornwallit, Klinoklas, Azurit, Mala
Ähnliche Mineralien	Adamin ist meist viel heller grün, in der kupferhaltigen Varietät Cuproadamin aber oft nur schwer zu unterscheiden; Gleiches gilt für Libethenit, allerdings gibt die Paragenese mit anderen arsenhaltigen Mineralien Hinweise auf das Vorkommen von Olivenit.

BESONDERHEIT

Obwohl Olivenit als kupferhaltiges Mineral in der Regel grün ist, kann er in dünnen Nadeln richtig weiß aussehen. Darauf bezieht sich sein Varietätsname Leukochalcit (»Weißkupfer«).

TSUMEB/NAMIBIA

STRICHFARBE: GRÜN

Mottramit
Pb(Cu,Zn)[OH/VO$_4$]

Härte 3½

Dichte	5,7–6,2
Farbe	Olivgrün bis schwarzgrün
Glanz	Harzglanz
Spaltbarkeit	Keine
Bruch	Uneben
Tenazität	Spröde
Kristallform	Orthorhombisch; selten prismatisch, meist strahlig, krustig, dendritisch
Vorkommen	In der Oxidationszone von vanadiumreichen Blei- und Kupferlagerstätten
Begleitmineralien	Descloizit, Azurit, Malachit, Vanadinit, Mimetesit, Kalkspat
Ähnliche Mineralien	Descloizit ist mehr braun; Malachit braust beim Betupfen mit Salzsäure und ist mehr smaragdgrün.

BESONDERHEIT
Das Vorkommen von Mottramit ist ein deutliches Zeichen für Vanadiumgehalte. Wird Mottramit gefunden, ist auch das Vorkommen weiterer Vanadiummineralien wahrscheinlich.

STRICHFARBE: GRÜN

LAVRION/GRIECHENLAND

 Agardit
(SE, Ca)$_2$Cu$_{12}$[(OH)$_{12}$/(AsO$_4$)$_6$] · 6 H$_2$O   Härte 3–4

Dichte	3,6–3,7
Farbe	Gelblich grün bis bläulich grün
Glanz	Glasglanz
Spaltbarkeit	Nicht erkennbar
Bruch	Uneben
Tenazität	Sprode
Kristallform	hexagonal; nadelig
Vorkommen	In der Oxidationszone von Kupferlagerstätten, entstanden beim Vorhandensein geringer Mengen von Seltenerd-Elementen in den Primärerzen (z. B. als Xenotim)
Begleitmineralien	Adamin, Olivenit, Limonit, Malachit, Calcit, Azurit
Ähnliche Mineralien	Die einzelnen Agarditmineralien sind mit einfachen Mitteln untereinander und von Mixit nicht zu unterscheiden, ansonsten sind sie sehr charakteristisch; Malachit braust beim Betupfen mit Salzsäure.

BESONDERHEIT
Die Mineralien der Agardit-Gruppe sind nach dem vorherrschenden Element der seltenen Erden (SE) benannt. Das Mineral mit überwiegend Lanthan heißt Agardit-(La), mit Cer Agar-dit-(Ce) und mit Yttrium Agardit-(Y).

WISSEN/SIEGERLAND

STRICHFARBE: GRÜN

Malachit
$Cu_2[(OH)_2/CO_3]$

Härte 4

Dichte	4,0
Farbe	Smaragdgrün bis hellgrün
Glanz	Glasglanz, in Aggregaten Seidenglanz, auch matt
Spaltbarkeit	Gut, aber wegen der meist nadeligen oder faserigen Ausbildung praktisch nicht sichtbar
Bruch	Muschelig
Tenazität	Spröde
Kristallform	Monoklin; nadelige Büschel, tafelig, faserig, strahlig, nierige Krusten, derb, erdig
Vorkommen	In der Oxidationszone von Kupferlagerstätten, hier häufigstes Oxidationsmineral
Begleitmineralien	Limonit, Azurit
Ähnliche Mineralien	Verwechselbare Mineralien brausen nicht beim Betupfen mit verdünnter Salzsäure.

BESONDERHEIT
Malachit braust beim Betupfen mit verdünnter Salzsäure stark auf. Das Mineral wird aufgelöst, dabei entsteht Kohlendioxid, das als Gas das typische Brausen verursacht.

STRICHFARBE: GRÜN

NISHNI TAGIL/RUSSLAND

 Pseudomalachit
$Cu_5[(OH)_2/PO_4]_2$

Härte 4½

Dichte	4,34
Farbe	Dunkel- bis schwärzlich grün
Glanz	Glas- bis Fettglanz
Spaltbarkeit	Keine
Bruch	Muschelig
Tenazität	Spröde
Kristallform	Monoklin; tafelig, oft radialstrahlig, nierig, krustig, erdig
Vorkommen	In der Oxidationszone von Kupferlagerstätten
Begleitmineralien	Malachit, Libethenit
Ähnliche Mineralien	Malachit braust im Gegensatz zu Pseudomalachit beim Betupfen mit verdünnter Salzsäure; Cornwallit ist mit einfachen Mitteln nicht zu unterscheiden, die Paragenese von Pseudomalachit zusammen mit phosphorhaltigen Mineralien gibt aber immer Hinweise.

BESONDERHEIT
Pseudomalachit hat seinen Namen erhalten, weil er dem viel häufigeren Malachit sehr ähnlich ist, sich aber doch durch seine chemische Zusammensetzung von ihm unterscheidet.

LAVRION/GRIECHENLAND

STRICHFARBE: GRÜN

Konichalcit
$CaCu[OH/AsO_4]$

Härte 4½

Dichte	4,33
Farbe	Hell- bis apfelgrün
Glanz	Glasglanz
Spaltbarkeit	Nicht erkennbar
Bruch	Uneben
Tenazität	Spröde
Kristallform	Orthorhombisch; nadelig, radialstrahlig, nierig, warzig, krustig
Vorkommen	In der Oxidationszone von Kupferlagerstätten zusammen mit anderen Arsenatmineralien
Begleitmineralien	Cuproadamin, Olivenit, Beudantit, Skorodit, Azurit, Malachit
Ähnliche Mineralien	Die apfelgrüne Farbe ist sehr charakteristisch und unterscheidet Konichalcit von Malachit, Olivenit, Cuproadamin.

BESONDERHEIT
Konichalcit kommt dort vor, wo in den Primärerzen, die bei der Bildung der Oxidationszone verwittert sind, reichlich Arsen vorhanden war. Dies führt zur Bildung vielfältiger Arsenatminerale.

STRICHFARBE: GRÜN

SIEGERLAND

Rockbridgeit
Grüneisenerz (Fe,Mn)Fe$_4$[(OH)$_5$/(PO$_4$)$_3$]   Härte 4½

Dichte	3,4
Farbe	Schwarz, schwarzgrün, braun
Glanz	Glasglanz
Spaltbarkeit	Vorhanden, aber selten erkennbar
Bruch	Uneben
Tenazität	Spröde
Kristallform	Orthorhombisch; prismatisch, tafelig, oft radialstrahlig, glaskopfartig, nierig, krustig, derb
Vorkommen	In Phosphatpegmatiten und in phosphorreichen Brauneisenlagerstätten
Begleitmineralien	Beraunit, Strengit, Phosphosiderit, Limonit
Ähnliche Mineralien	Farbe und Strichfarbe sind sehr charakteristisch. Beachtet man dazu das typische Vorkommen, sind Verwechslungen kaum möglich.

BESONDERHEIT
Niedriger radialstrahliger Rockbridgeit mit glatter Oberfläche wird in Analogie zum Braunen und Roten Glaskopf Grüner Glaskopf genannt. Er ist allerdings viel seltener als diese.

ALTYN TYUBE/KIRGISTAN

STRICHFARBE: GRÜN

Dioptas
$Cu_6[Si_6O_{18}] \cdot 6\,H_2O$

Härte 5

Dichte	3,3
Farbe	Smaragdgrün
Glanz	Glasglanz
Spaltbarkeit	Nach dem Grundrhomboeder erkennbar
Bruch	Muschelig
Tenazität	Spröde
Kristallform	Trigonal; prismatisch
Vorkommen	In der Oxidationszone von Kupferlagerstätten, besonders bei kieselsäurereichem Nebengestein
Begleitmineralien	Malachit, Azurit, Duftit, Wulfenit, Cerussit, Chrysokoll, Quarz
Ähnliche Mineralien	Malachit hat eine andere Kristallform und braust mit verdünnter Salzsäure; Smaragd ist viel härter und hat eine andere Kristallform.

BESONDERHEIT
Wegen seiner intensiv grünen Farbe wurde der Dioptas von seinen Erstfindern für eine besondere Abart des Edelsteins Smaragd gehalten und Kupfersmaragd genannt.

STRICHFARBE: GRÜN

ZILLERTAL/ÖSTERREICH

Aktinolith
Strahlstein (Ca,Fe)$_2$(Mg,Fe)$_5$[OH/Si$_4$O$_{11}$]$_2$ **Härte** 5½–6

Dichte	2,9–3,1
Farbe	Hell- bis dunkelgrün
Glanz	Glasglanz
Spaltbarkeit	Vollkommen, Spaltwinkel etwa 120°
Bruch	Uneben
Tenazität	Spröde
Kristallform	Monoklin; stängelig bis nadelig, strahlige Aggregate heißen Strahlstein, feinfaserige bis haarförmige Ausbildungen nennt man Amiant oder Byssolith
Vorkommen	Eingewachsen in Talk- und Chloritschiefern, in Eklogiten, auf alpinen Klüften (hier insbesondere Amiant und Byssolith)
Begleitmineralien	Albit, Talk, Muskovit, Biotit, Kalkspat, Epidot, Feldspat
Ähnliche Mineralien	Pyroxene haben einen anderen Spaltwinkel; Turmalin hat eine andere Kristallform und keine Spaltbarkeit.

BESONDERHEIT
Aktinolith gehört wie die Hornblende zur Gruppe der Amphibole, die sich im Gegensatz zu den Pyroxenen durch einen Spaltwinkel von 120° auszeichnen.

PREDAZZO/SÜDTIROL

STRICHFARBE: GRÜN

Augit
$(Ca,Mg,Fe)_2[(Si,Al)_2O_6]$ Härte 6

Dichte	3,3–3,5
Farbe	Dunkelgrün, schwarz
Glanz	Glasglanz
Spaltbarkeit	Nach dem Prisma deutlich, Winkel zwischen den Spaltflächen (Spaltwinkel) ungefähr 90°
Bruch	Muschelig
Tenazität	Spröde
Kristallform	Monoklin; kurz- bis langprismatisch, nadelig, körnig, derb
Vorkommen	In vulkanischen Gesteinen als Gesteinsgemengteil, gut ausgebildete Kristalle besonders in vulkanischen Tuffen z.B. der Eifel oder von Lanzarote
Begleitmineralien	Biotit, Olivin, Hornblende
Ähnliche Mineralien	Hornblende hat eine andere Spaltbarkeit und einen mehr sechsseitigen Querschnitt im Gegensatz zum mehr vier- bzw. achtseitigen des Augits.

BESONDERHEIT
Augit ist eines der typischen Mineralien vulkanischer Gesteine. Er gehört zur Gruppe der Pyroxene, die sich alle durch einen Spaltwinkel von etwa 90° auszeichnen.

STRICHFARBE: SCHWARZ

NAMIBIA

Graphit
C

Härte 1

Dichte	2,1–2,3
Farbe	Dunkel bis hell stahlgrau; undurchsichtig
Glanz	Metallglanz bis matt
Spaltbarkeit	Nach der Basis vollkommen
Bruch	Blättrig
Tenazität	Biegsam, milde
Kristallform	Hexagonal; tafelig, eingewachsene Blättchen, schuppig, dicht
Vorkommen	In kristallinen Schiefern, Marmoren, Pegmatiten, meist in eingewachsenen Blättchen, seltener in dichten Massen
Begleitmineralien	Kalkspat, Wollastonit, Spinell, Pyrrhotin, Olivin, Granat
Ähnliche Mineralien	Molybdänglanz ist härter, sein Strich ist, mit einer Strichtafel verrieben, leicht grünlich, der von Graphit eher bräunlich.

BESONDERHEIT
Graphit ist besonders weich und wegen seiner Tenazität speziell als Schmiermittel geeignet. Er schreibt auf Papier und ist deshalb Hauptbestandteil der Bleistiftminen.

SIEGERLAND

STRICHFARBE: SCHWARZ

Antimonit
Antimonglanz, Grauspießglanz Sb_2S_3 **Härte** 2

Dichte	4,6–4,7
Farbe	Bleigrau; undurchsichtig
Glanz	Metallglanz
Spaltbarkeit	Sehr vollkommen
Bruch	Spätig
Tenazität	Unelastisch biegsam, milde
Kristallform	Orthorhombisch; prismatisch bis nadelig, meist aufgewachsen, häufig verbogen, stängelig, radialstrahlig, körnig, derb, dicht
Vorkommen	In hydrothermalen, insbesondere Antimonit-Quarz-Gängen, seltener neben anderen Sulfiden in Gold-, Silber-, Bleierzgängen, selten metasomatisch in Kalksteinen
Begleitmineralien	Gold, Arsenkies, Realgar, Zinnober, Kermesit
Ähnliche Mineralien	Bismuthinit ist viel schwerer und mehr gelblich weiß; Arsenkies ist härter und ist deutlich spröde; Bleiglanz hat eine andere Spaltbarkeit.

BESONDERHEIT
Antimonit wurde früher in der Kosmetik verwendet. Fein pulverisiert diente er besonders im alten Ägypten als Lidschatten zum Schwärzen der Augenlider.

STRICHFARBE: SCHWARZ

FREIBERG/SACHSEN

Silberglanz
Argentit, Akanthit Ag_2S

Härte 2

Dichte	7,3
Farbe	Bleigrau
Glanz	Metallglanz, bald matt angelaufen
Spaltbarkeit	Meist undeutlich
Bruch	Muschelig
Tenazität	Geschmeidig, schneidbar
Kristallform	Über 179°C kubisch (»Argentit«), darunter monoklin (Akanthit); würfelig, oktaedrisch, langprismatisch, derb
Vorkommen	In hydrothermalen Silbererzgängen in der Zementationszone, als Bestandteil von Silber-Reicherzen
Begleitmineralien	Silber, Pyrargyrit, Proustit, Stephanit, Bleiglanz, Kalkspat, Rhodochrosit
Ähnliche Mineralien	Bleiglanz ist nicht geschmeidig und nicht schneidbar; Stephanit hat eine andere Kristallform.

BESONDERHEIT
Silberglanz ist so geschmeidig und duktil, dass er in seltenen Fällen zu Münzen geprägt werden konnte, die heute als ganz besondere Sammlungsstücke gelten.

STRICHFARBE: SCHWARZ

SIEBENBÜRGEN/RUMÄNIEN

 Hessit
Ag_2Te

Härte 2

Dichte	8,2–8,4
Farbe	Bleigrau
Glanz	Metallglanz
Spaltbarkeit	Nicht erkennbar
Bruch	Uneben
Tenazität	Schneidbar, milde
Kristallform	Monoklin; pseudokubisch, prismatisch, aufgewachsene Kristalle, derb, feinkörnig
Vorkommen	In hydrothermalen Silber- und Goldlagerstätten, in subvulkanischen Lagerstätten
Begleitmineralien	Gold, Tellur, Quarz, Kalkspat, Silber, Sylvanit
Ähnliche Mineralien	Silberglanz ist von dem viel selteneren Hessit nur schwer unterscheidbar; Bleiglanz hat eine gut erkennbare Spaltbarkeit; Stephanit hat eine andere Kristallform.

BESONDERHEIT
Hessit ist ein Silbermineral, das bevorzugt dort vorkommt, wo gediegen Gold in subvulkanischen Lagerstätten auftritt, obwohl es selbst gar kein Gold enthält.

STRICHFARBE: SCHWARZ

FREIBERG/SACHSEN

Stephanit
Ag_5SbS_4

Härte 2½

Dichte	6,2–6,3
Farbe	Bleigrau, eisenschwarz, oft schwarz angelaufen
Glanz	Metallglanz, angelaufen matt
Spaltbarkeit	Kaum erkennbar
Bruch	Muschelig bis uneben
Tenazität	Milde
Kristallform	Orthorhombisch; durch Verzwillingung pseudohexagonal, prismatisch, dicktafelig, rosettenförmig, selten derb
Vorkommen	In hydrothermalen Silbererzgängen in der Zementationszone
Begleitmineralien	Silberglanz, Silber, Pyrargyrit, Proustit, Kalkspat, Quarz, Polybasit, Bleiglanz
Ähnliche Mineralien	Polybasit ist etwas weicher, seine Kristalle zeigen die charakteristische Dreiecksstreifung; Silberglanz und Hessit haben eine andere Kristallform; Bleiglanz zeigt gut erkennbare Spaltbarkeit.

BESONDERHEIT
Stephanit erhielt seinen Namen zu Ehren des österreichischen Erzherzogs Stephan, der ein berühmter Mineraliensammler war. Stufen aus seiner Sammlung werden im Handel teuer bezahlt.

SIEGERLAND

STRICHFARBE: SCHWARZ

  Bleiglanz
Galenit PbS

Härte 2½–3

Dichte	7,2–7,6
Farbe	Bleigrau
Glanz	Starker Metallglanz, oft matt oder blau angelaufen
Spaltbarkeit	Sehr vollkommen nach dem Würfel
Bruch	Spätig
Tenazität	Milde
Kristallform	Kubisch; oft derb, auch aufgewachsen, meist Würfel, Oktaeder oder Kombinationen aus beiden, Zwillinge können sechsseitigen Tafeln ähneln
Vorkommen	In Pegmatiten, in hydrothermalen Gängen hoher bis niedriger Temperatur, als Verdrängung in Kalken, in sedimentären und daraus entstandenen metamorphen Sulfidlagerstätten
Begleitmineralien	Zinkblende, Kupferkies, Schwerspat, Quarz
Ähnliche Mineralien	Bei Beachtung von Farbe, Glanz und vollkommener Spaltbarkeit ist Bleiglanz kaum zu verwechseln; Silberglanz ist viel weicher und schneidbar.

BESONDERHEIT
Bleiglanz ist das wichtigste Bleierz. Häufig enthält er geringe Mengen Silber in Form winziger eingewachsener Silbermineralien und kann dann ein bedeutsames Silbererz sein.

STRICHFARBE: SCHWARZ

HORHAUSEN/SIEGERLAND

  Bournonit
$PbCuSbS_3$

Härte 2½–3

Dichte	5,7–5,9
Farbe	Stahlgrau, bleigrau, eisenschwarz
Glanz	Metallglanz, oft matt angelaufen
Spaltbarkeit	Kaum sichtbar
Bruch	Muschelig
Tenazität	Spröde bis leicht milde
Kristallform	Orthorhombisch; dicktafelig, häufig Zwillinge, die an Zahnräder erinnern (Rädelerz), oft derb
Vorkommen	In hydrothermalen Blei- und Kupfererzgängen
Begleitmineralien	Siderit, Bleiglanz, Kupferkies, Zinkblende, Quarz, Kalkspat
Ähnliche Mineralien	Fahlerz hat eine andere Kristallform, ist aber in derben Aggregaten von Bournonit nicht einfach zu unterscheiden; Bleiglanz hat im Gegensatz zu Bournonit eine vorzügliche Spaltbarkeit; Stephanit und Hessit haben eine andere Kristallform.

BESONDERHEIT
Bournonit bildet Zwillinge, die wie die Zahnräder alter Maschinen aussehen und deswegen von den alten Bergleuten Rädelerz genannt wurden.

BOU SKOUR/MAROKKO

STRICHFARBE: SCHWARZ

Bornit
Buntkupferkies Cu_5FeS_4 Härte 3

Dichte	4,9–5,3
Farbe	Im frischen Bruch rötlich silbergrau mit Stich ins Violette, schon nach wenigen Stunden bunt angelaufen
Glanz	Metallglanz
Spaltbarkeit	Kaum sichtbar
Bruch	Muschelig
Tenazität	Milde
Kristallform	Über 228° C kubisch, darunter trigonal-pseudokubisch; sehr selten würfelig, meist derb, eingewachsen
Vorkommen	In Pegmatiten, hydrothermalen Erzgängen, besonders auch in der Zementationszone
Begleitmineralien	Kupferglanz, Kupferkies, Magnetit, Gold
Ähnliche Mineralien	Die typischen Anlauffarben unterscheiden Bornit von fast allen anderen Sulfiden; angelaufener Kupferkies ist im frischen Bruch immer gelb.

BESONDERHEIT
Durch Kochen in Waschmittellauge erhält Kupferkies bunte Anlauffarben wie Bornit. Solche Fälschungen werden leicht entlarvt, wenn im frischen Bruch die Farbe des Kupferkieses erscheint.

STRICHFARBE: SCHWARZ

PRIBRAM/TSCHECHIEN

Dyskrasit
Ag_3Sb

Härte 3½

Dichte	9,4–10
Farbe	Frisch silberweiß, aber meist dunkler angelaufen
Glanz	Metallglanz
Spaltbarkeit	Meist schwer erkennbar
Bruch	Hakig
Tenazität	Milde
Kristallform	Orthorhombisch; prismatisch, längs gestreift, Kristalle meist eingewachsen und schlecht ausgebildet, derb, V-förmige Zwillinge
Vorkommen	In hydrothermalen Silbererzlagerstätten, besonders in der Zementationszone
Begleitmineralien	Gediegen Silber, gediegen Arsen, Pyrargyrit, Kalkspat, Silberglanz, Baryt
Ähnliche Mineralien	Silberglanz ist weicher, Silber läuft nicht so schnell an, die Kristallform ist jeweils ganz anders. Die V-förmigen Zwillinge sind sehr typisch für Dyskrasit.

BESONDERHEIT
Selten ist Dyskrasit mehrfach verzwillingt, sodass regelrechte bäumchenartige Gebilde entstehen, die oft in gediegen Arsen eingewachsen sind.

HORHAUSEN/SIEGERLAND

STRICHFARBE: SCHWARZ

Fahlerz
Tennantit $Cu_3AsS_{3,25}$, Tetraedrit $Cu_3SbS_{3,25}$ Härte 3–4

Dichte	4,6–5,2
Farbe	Stahlgrau bis eisenschwarz
Glanz	Metallglanz, oft matt
Spaltbarkeit	Keine
Bruch	Muschelig
Tenazität	Spröde
Kristallform	Kubisch; tetraedrische Kristalle, meist körnig, derb
Vorkommen	In Pegmatiten, häufig in hydrothermalen Gängen
Begleitmineralien	Pyrit, Zinkblende, Kupferkies, Arsenkies, Bleiglanz, Silbererze
Ähnliche Mineralien	Tetraedrit ist etwas heller als Tennantit, sein Strich ist einfach schwarzgrau und wird nicht wie der von Tennantit beim Verreiben rötlich, er lässt sich aber mit einfachen Mitteln nur schwer von Tennantit unterscheiden; Arsenkies ist härter; Bleiglanz hat eine ausgezeichnete Spaltbarkeit; Kupferkies hat eine andere Farbe.

BESONDERHEIT
Die Fahlerze sind wichtige Kupfererze, die oft zur Kupfergewinnung abgebaut werden. Ihren Namen haben sie erhalten, weil ihr metallischer Glanz oft leicht matt, also fahl, ist.

STRICHFARBE: SCHWARZ

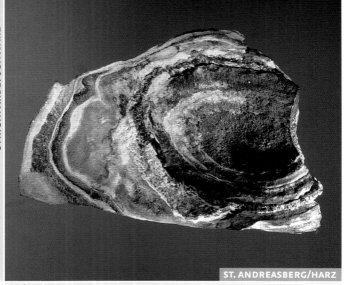

ST. ANDREASBERG/HARZ

Arsen, gediegen
Scherbenkobalt As

Härte 3–4

Dichte	7,06
Farbe	Schwarz bis schwarzgrau
Glanz	Frisch Metallglanz, sehr schnell, schon nach wenigen Stunden, dunkel und matt angelaufen
Spaltbarkeit	Nicht sichtbar
Bruch	Uneben
Tenazität	Spröde
Kristallform	Trigonal; selten würfelähnliche bis nadelige Kristalle, meist schalig, kugelig, glaskopfartig, strahlig, dicht
Vorkommen	In Arsen führenden Silber- und Kobalterzgängen, z.B. in St. Andreasberg im Harz oder im Erzgebirge
Begleitmineralien	Gediegen Silber, Dyskrasit, Polybasit, Löllingit, Safflorit
Ähnliche Mineralien	Nieriger Pyrit und Markasit sind viel härter; Goethit hat eine braune Strichfarbe.

BESONDERHEIT
Arsen ist ein giftiges Element. Noch viel giftiger ist der feine Überzug von hochgiftigem Arsenoxid. Daher beim Hantieren mit Arsen immer die Hände waschen und Kinder fern halten!

WISSEN/SIEGERLAND

STRICHFARBE: SCHWARZ

Kupferkies
Chalkopyrit CuFeS$_2$ Härte 3–4

Dichte	4,2–4,3
Farbe	Messinggelb mit grünlichem Stich, oft bunt angelaufen
Glanz	Metallglanz
Spaltbarkeit	Kaum erkennbar
Bruch	Muschelig
Tenazität	Spröde
Kristallform	Tetragonal; tetraeder- und oktaederähnliche Kristalle, oft verzwillingt, der Großteil des Kupferkies ist aber derb
Vorkommen	In Graniten und Gabbros, in Pegmatiten und Zinnerzgängen, in hydrothermalen Gängen und Schwarzschiefern
Begleitmineralien	Pyrit, Zinkblende, Magnetkies, Fahlerz, Flussspat, Kalkspat, Schwerspat, Dolomit, Quarz
Ähnliche Mineralien	Pyrit ist viel härter; Magnetkies hat eine mehr braune Farbe; Gold ist weicher und schneidbar.

BESONDERHEIT
Kupferkies ist das wichtigste Kupfererz, schon geringe Mengen von wenigen Prozent machen ein Erzvorkommen zur bedeutsamen Kupferlagerstätte.

STRICHFARBE: SCHWARZ

WISSEN/SIEGERLAND

Millerit
Nickelkies NiS

Härte 3½

Dichte	5,3
Farbe	Messinggelb
Glanz	Metallglanz
Spaltbarkeit	Vollkommen, aber wegen der nadeligen Ausbildung fast nie erkennbar
Bruch	Uneben
Tenazität	Spröde
Kristallform	Trigonal; nadelige Kristalle, meist haarförmig, häufig zu Büscheln oder Garben verwachsen, sehr selten derb
Vorkommen	In Nickellagerstätten, hier aus anderen Nickelerzen entstanden, besonders schön im Siegerland
Begleitmineralien	Gersdorffit, Bravoit, Kalkspat, Kupferkies
Ähnliche Mineralien	Die typische nadelige bis haarförmige Ausbildung und die messinggelbe Farbe von Millerit schließen eine Verwechslung aus. Der seltene nadelige Pyrit ist viel härter.

BESONDERHEIT
Der Millerit heißt wegen seiner häufigen haarförmigen Ausbildung auch Haarkies. Einzelne Nadeln sind oft so dünn, dass man sie erst erkennt, wenn sie im Licht spiegeln.

DALNEGORSK/RUSSLAND

STRICHFARBE: SCHWARZ

Pyrrhotin
Magnetkies FeS   Härte 4

Dichte	4,6
Farbe	Bronzefarben mit Stich ins Braune (= tombakfarben)
Glanz	Metallglanz
Spaltbarkeit	Selten sichtbar
Bruch	Uneben
Tenazität	Spröde
Kristallform	Hexagonal; selten prismatische bis dick- und dünntafelige Kristalle, manchmal zu Rosetten verwachsen, meist aber dicht und derb
Vorkommen	In hydrothermalen Gängen und metamorphen Kieslagerstätten, z.B. am Silberberg bei Bodenmais im Bayerischen Wald
Begleitmineralien	Pyrit, Pentlandit, Zinkblende, Kupferkies, Quarz, Kalkspat, Siderit
Ähnliche Mineralien	Pyrit und Kupferkies sind viel gelber, Pyrit ist härter; Zinkblende hat eine vollkommene Spaltbarkeit.

BESONDERHEIT
Pyrrhotin heißt auch Magnetkies, weil er vom Magneten angezogen wird. Er selbst kann aber im Gegensatz zum Magnetit keine anderen Mineralien anziehen.

STRICHFARBE: SCHWARZ

BÜHL/KASSEL

 Eisen, gediegen
Fe

Härte 4–5

Dichte	7,88
Farbe	Stahlgrau, glänzend
Glanz	Metallglanz
Spaltbarkeit	Keine
Bruch	Hakig
Tenazität	Dehnbar
Kristallform	Kubisch; eingewachsene Schüppchen, Tropfen, unregelmäßige Massen, keine gut ausgebildeten Kristalle
Vorkommen	In Basalten und als Bestandteil von Meteoriten, Eisenmeteoriten bestehen nahezu völlig aus nickelhaltigem Eisen. Terrestrisches gediegenes Eisen ist äußerst selten, ein Fundort ist z. B. der Basalt des Bühl bei Kassel.
Begleitmineralien	Wüstit, Olivin, Chromit
Ähnliche Mineralien	Die Paragenese in Basalten und Tenazität von Eisen verhindern Verwechslungen.

BESONDERHEIT
Werden Eisenmeteoriten angeschliffen und geätzt, so zeigen sie häufig charakteristische Ätzfiguren, die so genannten Widmanstätten'-schen Figuren, die nur bei Meteoriten auftreten.

URAL/RUSSLAND

STRICHFARBE: SCHWARZ

Platin, gediegen
Pt

Härte 4–4½

Dichte	21,4
Farbe	Silbergrau
Glanz	Metallglanz
Spaltbarkeit	Keine
Bruch	Hakig
Tenazität	Dehnbar, hämmerbar, nicht ganz so duktil wie Gold
Kristallform	Kubisch; würfelige Kristalle, abgerollte runde Nuggets bis mehrere Kilogramm, Plättchen, Körner, meist lose, seltener eingewachsen
Vorkommen	In Seifen und Quarzgängen, häufig z.B. im Ural in Russland, wo bis mehrere Kilogramm schwere Platinklumpen gefunden wurden
Begleitmineralien	Gold, Chromit
Ähnliche Mineralien	Silber ist weicher; Eisen ist im Gegensatz zu Platin magnetisch.

BESONDERHEIT
Platin läuft im Gegensatz zum ähnlich silbrig aussehenden gediegen Silber nicht an. Im russischen Ural war im 19. Jh. Platin so häufig, dass man zeitweise daraus Münzen prägte.

STRICHFARBE: SCHWARZ

ARENDAL/NORWEGEN

Ilmenit
Titaneisenerz FeTiO$_3$ Härte 5–6

Dichte	4,5–5,0
Farbe	Eisenschwarz
Glanz	Metallglanz, aber oft matt angelaufen
Spaltbarkeit	Keine
Bruch	Muschelig bis uneben
Tenazität	Spröde
Kristallform	Trigonal; rhomboedrische, dick- bis dünntafelige Kristalle, häufig körnig, derb
Vorkommen	Eingewachsen in magmatischen Gesteinen, Pegmatiten, abgerollte Körner in Seifen, tafelige Kristalle und Ilmenitrosen auf alpinen Klüften
Begleitmineralien	Hämatit, Magnetit, Epidot, Apatit, Rutil
Ähnliche Mineralien	Magnetit hat eine andere Kristallform (meist Oktaeder); Hämatit hat einen roten Strich; von titanhaltigem Hämatit (z.B. aus alpinen Klüften) mit ebenfalls schwarzem Strich ist Ilmenit mit einfachen Mitteln nicht zu unterscheiden.

BESONDERHEIT
Der Ilmenit hat seinen Namen von dem Gebiet, in dem das Material gefunden wurde, an dem die Eigenständigkeit des Minerals erstmals erkannt wurde: dem Ilmengebirge im Ural in Russland.

FREIBERG/SACHSEN

STRICHFARBE: SCHWARZ

Arsenopyrit
Arsenkies FeAsS

Härte 5½–6

Dichte	5,9–6,2
Farbe	Zinnweiß bis stahlgrau, oft dunkler angelaufen
Glanz	Metallglanz
Spaltbarkeit	Undeutlich
Bruch	Uneben
Tenazität	Spröde
Kristallform	Orthorhombisch; oktaederähnliche bis prismatische Kristalle, oft Zwillinge, zum Teil zu sechsstrahligen Sternen verwachsen, selten regelrechte Gitter bildend, häufig derb, eingewachsen
Vorkommen	In Pegmatiten und Zinnerzgängen, besonders aber in hydrothermalen Gängen, speziell auch in Goldquarzgängen, z. B. in den Hohen Tauern, Österreich
Begleitmineralien	Pyrit, Gold, Magnetkies, Siderit, Kupferkies, Quarz, Kalkspat, Rhodochrosit
Ähnliche Mineralien	Pyrit und Markasit haben eine goldgelbe Farbe; Magnetkies ist etwas weicher und bräunlicher.

BESONDERHEIT
Arsenkies an sich ist nicht giftig, wandelt sich aber bei der Verwitterung in eine Reihe zum Teil sehr giftiger Oxidationsprodukte um. So ist er auch Ursache des Arsengehalts mancher Quellen.

STRICHFARBE: SCHWARZ

SERIFOS/GRIECHENLAND

Ilvait
Lievrit $CaFe_2^{2+}Fe^{3+}[OH/O/Si_2O_7]$ Härte 5½–6

Dichte	4,1
Farbe	Schwarz
Glanz	Glasglanz, etwas harzig, oft matt
Spaltbarkeit	Kaum erkennbar
Bruch	Muschelig
Tenazität	Spröde
Kristallform	Orthorhombisch; prismatische Kristalle aufgewachsen, strahlige, stängelige Aggregate, eingewachsen körnig oder derb
Vorkommen	In eisenreichen Kontaktlagerstätten, so z. B. auf den Inseln Elba, Italien und Serifos, Griechenland
Begleitmineralien	Hedenbergit, Magnetit, Pyrit, Hämatit, Arsenkies, Granat (Andradit), Quarz
Ähnliche Mineralien	Turmalin ist härter; Strahlstein hat eine andere Paragenese und die typische Spaltbarkeit der Glieder der Amphibol-Gruppe (Spaltflächen im Winkel von etwa 120°).

BESONDERHEIT
Ilvait hat seinem Namen von einer der Mittelmeerinseln, auf denen er in besonders schönen und großen Kristallen vorkommt: Ilva ist der antike Name der Insel Elba vor der Westküste Italiens.

ILFELD/HARZ

STRICHFARBE: SCHWARZ

Pyrolusit
Braunstein MnO_2 Härte 6

Dichte	4,9–5,1
Farbe	Silbergrau bis mattschwarz
Glanz	Metallglanz bis matt
Spaltbarkeit	Keine
Bruch	Muschelig, in Aggregaten bröckelig bis faserig
Tenazität	Spröde
Kristallform	Tetragonal; prismatische bis dicktafelige Kristalle, radialstrahlige Aggregate, erdig, krustig
Vorkommen	In hydrothermalen Gängen, in der Oxidationszone, in Sedimenten als kleine Kügelchen (Oolithen). Schöne Kristalle wurden z.B. im Siegerland und im Harz gefunden.
Begleitmineralien	Manganit, Romanechit, Quarz, Baryt, Rhodochrosit, Hausmannit
Ähnliche Mineralien	Manganit hat einen braunen Strich; Antimonit ist nicht so spröde und viel weicher.

BESONDERHEIT
Manchmal bildet Pyrolusit feinkörnige lockere Aggregate, die ganz weich und leicht erscheinen. Sie werden mit dem alten Bergmannsnamen Wad genannt.

STRICHFARBE: SCHWARZ

RETTIGHEIM/HEIDELBERG

  Pyrit
Eisenkies FeS$_2$ Härte 6–6½

Dichte	5,0–5,2
Farbe	Hell messingfarben
Glanz	Metallglanz
Spaltbarkeit	Keine
Bruch	Muschelig
Tenazität	Spröde
Kristallform	Würfel mit gestreiften Flächen, Oktaeder, Pentagondodekaeder, radialstrahlige und nierige Aggregate, selten Kugeln oder scheibenförmige Aggregate (Pyritsonnen), oft auch derb
Vorkommen	Pyrit ist ein sehr häufiges und weit verbreitetes Mineral. Man findet ihn eingewachsen in Gesteinen jeglicher Art, in intramagmatischen Lagerstätten, in hydrothermalen Gängen, als Konkretion in Sedimenten wie z. B. Kalksteinen oder Tonschiefern (hier oft Kugeln oder runde Scheiben, so genannte Pyritsonnen), in metamorphen Lagerstätten. Häufig aufgewachsene Kristalle bis viele Zentimeter Größe und Kristallstufen bis einige Tonnen Gewicht. Besonders schöne vielflächige Kristalle stammen aus Elba und Peru, perfekt ausgebildete

POONA/INDIEN

STRICHFARBE: SCHWARZ

scharfkantige Würfel ohne jede andere Kristallfläche findet man besonders in Spanien, wo sie in einem tonigen Gestein eingewachsen sind und leicht herauspräpariert werden können. Pyrit ist an sich kein gesuchtes Erzmineral, als Eisenerz ist er wegen seines Schwefelgehaltes unbrauchbar. Häufig enthalten Pyritlagerstätten aber gewisse Kupfergehalte. Dann wird dieser Pyrit als Kupfererz abgebaut.

Begleitmineralien Zinkblende, Bleiglanz, Arsenkies, Quarz, Kalkspat
Ähnliche Mineralien Markasit hat eine andere Kristallform (tafelige Kristalle, hahnenkammförmige Aggregate) und ist einen Stich grünlicher, aber derb oder in nierigen, strahligen Aggregaten mit einfachen Mitteln oft nicht zu unterscheiden; Kupferkies ist deutlich weicher; gediegen Gold ist viel weicher und nicht so spröde wie der Pyrit.

BESONDERHEIT
Pyrit wird auch Katzengold genannt, da er immer wieder fälschlicherweise für wertvolles Gold gehalten wird, obwohl er bei genauerer Betrachtung leicht zu unterscheiden ist.

STRICHFARBE: SCHWARZ

BINNTAL/SCHWEIZ

 Magnetit
Magneteisenstein, Magneteisenerz Fe_3O_4 Härte 6–6½

Dichte	5,2
Farbe	Eisenschwarz
Glanz	Matter Metallglanz
Spaltbarkeit	Kaum erkennbar
Bruch	Muschelig
Tenazität	Spröde
Kristallform	Kubisch; Oktaeder, Rhombendodekaeder, auf- und eingewachsen, in großen Massen derb
Vorkommen	In magmatischen Gesteinen eingewachsen, in großen Massen in pneumatolytischen Verdrängungslagerstätten und metamorphen Lagerstätten, Kristalle in Chlorit- und Talkschiefern eingewachsen, in hydrothermalen Gängen, schöne aufgewachsene Kristalle in alpinen Klüften
Begleitmineralien	Pyrit, Ilmenit, Hämatit, Apatit, Epidot
Ähnliche Mineralien	Alle ähnlichen Mineralien sind nicht oder nur schwach magnetisch; Chromit hat einen hellbraunen Strich.

BESONDERHEIT
Magnetit ist magnetisch. Als praktisch einziges Mineral wird er nicht nur vom Magneten angezogen, sondern kann auch wie dieser kleine Eisenteilchen anziehen.

MEGGEN/SAUERLAND

STRICHFARBE: SCHWARZ

 ## Markasit
Speerkies, Kammkies FeS_2 Härte 6–6½

Dichte	4,8–4,9
Farbe	Messinggelb mit Stich ins Grüne
Glanz	Metallglanz
Spaltbarkeit	Schlecht
Bruch	Uneben
Tenazität	Spröde
Kristallform	Orthorhombisch; tafelige Kristalle oft zu gezackten, kammförmigen Gruppen verwachsen, strahlig, schalige, nierige, kugelige Aggregate, derb
Vorkommen	In hydrothermalen, niedrig temperierten Verdrängungslagerstätten, als Konkretionen, aber auch in Form von Kristallen in Sedimenten eingewachsen
Begleitmineralien	Pyrit, Magnetkies, Kalkspat, Arsenkies, Kupferkies
Ähnliche Mineralien	Pyrit hat eine andere Kristallform (Würfel, Pentagondodekaeder), ist aber derb, strahlig schwer zu unterscheiden; Kupferkies ist weicher; Magnetkies und Arsenkies haben eine andere Farbe.

BESONDERHEIT
Markasit ist weniger stabil als Pyrit und wandelt sich in diesen um. Besonders radialstrahlige Aggregate sind oft als Markasit entstanden, heute aber längst in Pyrit umgewandelt.

STRICHFARBE: SCHWARZ

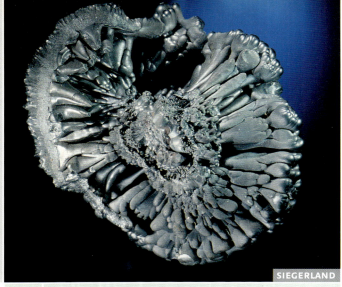

SIEGERLAND

Romanechit
Psilomelan $BaMn_8O_{16}(OH)_4$ Härte 6–6½

	Je nach Aggregatform sehr variabel
Dichte	6,3–6,45
Farbe	Schwarz bis stahlgrau
Glanz	Metallglanz bis matt
Spaltbarkeit	Keine
Bruch	Uneben
Tenazität	Spröde
Kristallform	Monoklin; nierig, stalaktitisch, strahlig, erdig, derb
Vorkommen	In Verwitterungslagerstätten, als Konkretionen in Sedimenten, als Verdrängungen in Kalken. Findet sich in Deutschland z. B. im Siegerland oder im Harz.
Begleitmineralien	Pyrolusit, Manganit, Baryt, Quarz, Kalkspat, Hausmannit
Ähnliche Mineralien	Pyrolusit hat eine andere Kristallform, ist aber derb oder in nierigen Aggregaten nur schwer zu unterscheiden.

BESONDERHEIT
Romanechit nach dem französischen Fundort Romaneche ist der heute allein gültige Name für dieses Mineral, obwohl der Name Psilomelan noch weit verbreitet und auch noch oft zu lesen ist.

SKARDU/PAKISTAN

STRICHFARBE: SCHWARZ

 Epidot
$Ca_2(Fe,Al)Al_2[O/OH/SiO_4/Si_2O_7]$ Härte 6–7

Dichte	3,3–3,5
Farbe	Gelbgrün, dunkelgrün, schwarzgrün
Glanz	Glasglanz
Spaltbarkeit	Schlecht sichtbar
Bruch	Muschelig
Tenazität	Spröde
Kristallform	Monoklin; prismatische, selten dicktafelige Kristalle, strahlige Aggregate, derb in Gesteinen
Vorkommen	In Drusen und Hohlräumen von Pegmatiten, in Epidotschiefern, auf Klüften von Graniten und metamorphen Gesteinen. Die besten bis armstarken Kristalle wurden an der Knappenwand im Untersulzbachtal, Österreich, gefunden.
Begleitmineralien	Aktinolith, Diopsid, Albit, Apatit, Quarz, Granat
Ähnliche Mineralien	Augit, Hornblende und Aktinolith haben im Gegensatz zu Epidot eine vollkommene Spaltbarkeit; Turmalin hat eine andere Kristallform.

BESONDERHEIT
Je nach Eisengehalt kann Epidot Farben von Hellgrün bis zu einem tiefen Schwarzgrün annehmen. Deshalb variiert auch seine Strichfarbe stark von einem hellen Grünlichgrau bis zu Grünschwarz.

STRICHFARBE: WEISS

ARKANSAS/USA

Talk
Steatit, Speckstein $Mg_3[(OH)_2/Si_4O_{10}]$ **Härte** 1

Dichte	2,7–2,8
Farbe	Weiß, grau, gelb, braun, grün; durchscheinend bis undurchsichtig
Glanz	Perlmutt- bis Fettglanz
Spaltbarkeit	Nach der Basis vollkommen
Bruch	Uneben bis blättrig
Tenazität	Biegsam, milde
Kristallform	Monoklin; sehr selten gut ausgebildete Kristalle, blättrig, dicht mit nieriger Oberfläche; oft Pseudomorphosen nach anderen Mineralien, z.B. nach Quarzkristallen
Vorkommen	Eingewachsen in metamorphen Gesteinen, als Hauptbestandteil von Talkschiefer, Topfstein; blättrige Aggregate als Kluftfüllung in Serpentinen
Begleitmineralien	Dolomit, Magnesit, Serpentin, Kalkspat, Magnetit
Ähnliche Mineralien	Die geringe Härte und das fettige Anfühlen machen Talk ziemlich unverwechselbar.

BESONDERHEIT
Speckstein ist ganz dichter Talk. Er ist geeignet zur Herstellung von Schnitzereien und hat seinen Namen deshalb erhalten, weil er sich fettig oder speckig anfühlt.

KERTSCH/UKRAINE

STRICHFARBE: WEISS

Vivianit
Blaueisenerde Fe$_3$[PO$_4$]$_2$ · 8 H$_2$O   Härte 2

Dichte	2,6–2,7
Farbe	Grün bis blau, extrem selten violett, unter Luftabschluss weiß
Glanz	Perlmuttglanz
Spaltbarkeit	Vollkommen
Bruch	Blättrig
Tenazität	Dünne Blättchen biegsam, milde
Kristallform	Monoklin; prismatische bis tafelige Kristalle, kugelige Aggregate, derb, pulvrig, erdig, Krusten
Vorkommen	In Pegmatiten, in der Oxidationszone von Erzlagerstätten, in Sedimenten. Die größten Kristalle bis über 1 m wurden in Kamerun in Afrika gefunden.
Begleitmineralien	Triphylin, Siderit, Limonit, Ludlamit, Pyrit, Pyrrhotin, Quarz
Ähnliche Mineralien	Azurit braust beim Betupfen mit verdünnter Salzsäure auf, Lazulith hat einen fettigen Glanz und ist härter, beide haben keine milde Tenazität.

BESONDERHEIT
Vivianit ist eigentlich farblos bis weiß. Beim geringsten Kontakt mit dem Sauerstoff der Luft wird etwas Eisen oxidiert und der Vivianit färbt sich grün bis blau, wie er normalerweise aussieht.

STRICHFARBE: WEISS

LAVRION/GRIECHENLAND

 Annabergit
Nickelblüte Ni$_3$[AsO$_4$]$_2$ · 8 H$_2$O   Härte 2

Dichte	3,0–3,1
Farbe	Hell- bis apfelgrün
Glanz	Glasglanz
Spaltbarkeit	Sehr vollkommen
Bruch	Blättrig
Tenazität	Milde, dünne Blättchen biegsam
Kristallform	Monoklin; Kristalle prismatisch bis tafelig, immer mit schief abgeschnittenen Endflächen, nadelige Aggregate, meist derb, erdig, krustig
Vorkommen	In der Oxidationszone von Nickellagerstätten, meist als Krusten auf Nickelerzen. Die besten Kristalle stammen von Lavrion in Griechenland.
Begleitmineralien	Nickelin, Millerit, Dolomit, Quarz, Adamin
Ähnliche Mineralien	Malachit und andere grüne Kupfermineralien sind dunkler, das spezielle Grün des Annabergits ist sehr charakteristisch; Malachit braust beim Betupfen mit verdünnter Salzsäure.

BESONDERHEIT
Annabergitkrusten auf Erzen sind ein sicherer Hinweis darauf, dass es sich um Nickelerze handelt. Seinen Namen hat das Mineral von der alten sächsischen Bergstadt Annaberg.

AGRIGENTO/SIZILIEN

STRICHFARBE: WEISS

Schwefel
S

Härte 2

Dichte	2,0–2,1
Farbe	Gelb, bräunlich gelb, grünlich gelb; durchsichtig bis undurchsichtig
Glanz	Harz- bis Fettglanz, auf Kristallflächen Diamantglanz
Spaltbarkeit	Kaum vorhanden
Bruch	Muschelig
Tenazität	Sehr spröde
Kristallform	Orthorhombisch; aufgewachsene Kristalle häufig Dipyramiden, spitzpyramidal, selten tafelig, körnig, faserig, nierig, stalaktitisch, erdig, pulvrig
Vorkommen	In der Nähe vulkanischer Gasaustritte, Gänge, Lager, Nester, Imprägnationen in Sedimentgesteinen, in Salzlagerstätten, auf Erzlagerstätten mit sulfidischen Erzen
Begleitmineralien	Kalkspat, Coelestin, Aragonit, Pyrit, Markasit
Ähnliche Mineralien	Die seltene gelbe Zinkblende ist an ihrer guten Spaltbarkeit sofort von Schwefel zu unterscheiden.

BESONDERHEIT
Schwefel ist außerordentlich wärmeempfindlich. Kristalle werden bereits in der warmen Hand trübe oder zerspringen sogar und müssen daher sehr vorsichtig behandelt werden.

STRICHFARBE: WEISS

SARAGOSSA/SPANIEN

  Gips
Selenit $CaSO_4 \cdot 2\,H_2O$ Härte 2

Dichte	2,3–2,4
Farbe	Farblos, weiß, rosa; durchsichtig bis undurchsichtig
Glanz	Perlmuttglanz
Spaltbarkeit	Vollkommen
Bruch	Uneben
Tenazität	Nichtelastisch biegsam, milde bis spröde
Kristallform	Monoklin; prismatische bis tafelige Kristalle, linsenförmig, nadelig, oft Zwillinge mit einspringenden Winkeln, faserig (Fasergips), schuppig, körnig, dicht (Alabaster), rosettenförmig (Sandrose)
Vorkommen	Als Kristalle und Konkretionen in Tonen und Mergeln, auf Erzlagerstätten, als neue Bildung in alten Bergwerken, Stollen und Wüsten (hier als so genannte Sandrosen), in Salzlagerstätten
Begleitmineralien	Anhydrit, Steinsalz, Kalkspat, Schwefel, Pyrit
Ähnliche Mineralien	Spaltbarkeit und Härte unterscheiden Gips von allen anderen Mineralien.

BESONDERHEIT
Gipskristalle kann man vorsichtig biegen. Sie sind allerdings nicht elastisch und bleiben in der erzwungenen Form bestehen. Auch in der Natur finden sich manchmal gebogene Gipse.

SEARLES LAKE/USA

STRICHFARBE: WEISS

 Steinsalz
Halit NaCL   Härte 2

Dichte	2,1–2,2
Farbe	Farblos, weiß, rötlich, rosa, gelb, grau, blau; durchsichtig bis undurchsichtig
Glanz	Glasglanz
Spaltbarkeit	Nach dem Würfel vollkommen
Bruch	Muschelig
Tenazität	Milde bis spröde
Kristallform	Kubisch; fast nur Würfel, sehr selten Oktadeder, häufig aufgewachsen, derb, körnig, faserig, dicht
Vorkommen	In Steinsalzlagerstätten in großen dichten Massen, in Steppen und Wüsten in dünnen Krusten auf der Erdoberfläche, an Austrittsstellen vulkanischer Gase
Begleitmineralien	Gips, Anhydrit, Boracit
Ähnliche Mineralien	Fluorit ist härter, nicht wasserlöslich und schmeckt nicht salzig, ebenso wie Kalkspat, der auch eine andere Kristallform hat.

BESONDERHEIT
Steinsalz ist sehr leicht in Wasser löslich. Auch feuchte Luft schadet ihm bereits. Es muss in den Sammlungen ganz trocken aufbewahrt werden, am besten in geschlossenen Gefäßen.

STRICHFARBE: WEISS

MINAS GERAIS/BRASILIEN

Muskovit
$KAl_2[(OH,F)_2/AlSi_3O_{10}]$

Härte 2–2½

Dichte	2,78–2,88
Farbe	Farblos, weiß, silbriggrau, grünlich, gelblich, braun
Glanz	Perlmuttglanz
Spaltbarkeit	Nach der Basis äußerst vollkommen
Bruch	Blättrig
Tenazität	Milde Blättchen elastisch biegsam
Kristallform	Monoklin; tafelige sechsseitige Kristalle aufgewachsen, selten prismatisch, Blättchen, Schuppen, rosettenförmig, gesteinsbildend eingewachsen
Vorkommen	Gesteinsbildend in Graniten, Pegmatiten (hier Tafeln bis mehrere Quadratmeter), Gneisen, Glimmerschiefern, Sandsteinen, Marmoren; aufgewachsene Kristalle z. B. in alpinen Klüften
Begleitmineralien	Quarz, Feldspat, Biotit, Turmalin, Rutil
Ähnliche Mineralien	Talk und Chlorit sind weicher, ihre Blättchen sind nicht elastisch biegsam; Biotit und Phlogopit sind fast immer deutlich dunkler.

BESONDERHEIT
Muskovit hat seinen Namen davon, dass er einst für Fensterscheiben verwendet wurde. Die Glimmertafeln kamen aus Russland, man nannte sie im Volksmund »Muskoviter (= Moskauer) Glas«.

LOS LAMENTOS/MEXIKO

STRICHFARBE: WEISS

  Wulfenit
Gelbbleierz PbMoO$_4$ Härte 3

Dichte	6,7–6,9
Farbe	Gelb bis orangerot, blau, grau
Glanz	Diamant- bis Harzglanz
Spaltbarkeit	Schwach nach der Pyramide
Bruch	Muschelig
Tenazität	Spröde
Kristallform	Tetragonal; spitze Pyramiden, dick- bis dünntafelige Kristalle, nadelig, fast immer aufgewachsen, selten derb
Vorkommen	In der Oxidationszone von Bleilagerstätten, besonders reichlich und schön in Bleiberg in Kärnten und Mezica in Slowenien, selten auf alpinen Klüften
Begleitmineralien	Bleiglanz, Cerussit, Hydrozinkit, Pyromorphit, Smithsonit, Mimetesit, Hemimorphit, Kalkspat
Ähnliche Mineralien	Aussehen (Kristallform sowie orange Farbe) und Vorkommen mit anderen Blei- und Zinkoxidationsmineralien lassen keine Verwechslung zu.

BESONDERHEIT
Dieses Mineral wurde nach dem österreichischen Naturforscher Franz Xaver von Wulfen benannt, der es in seiner »Abhandlung vom Kärnthner Bleispath« 1785 erstmals beschrieben hatte.

STRICHFARBE: WEISS

MIBLADEN/MEXIKO

 Vanadinit
$Pb_5[Cl/(VO_4)_3]$

Härte 3

Dichte	6,8–7,1
Farbe	Gelb, braun, orange, rot
Glanz	Diamantglanz bis Fettglanz
Spaltbarkeit	Keine
Bruch	Muschelig
Tenazität	Spröde
Kristallform	Hexagonal; prismatische bis tafelige Kristalle, aufgewachsen, radialstrahlige und kugelige Aggregate, selten derb
Vorkommen	In der Oxidationszone von Bleilagerstätten
Begleitmineralien	Wulfenit, Kalkspat, Descloizit, Limonit, Mimetesit, Mottramit, Quarz
Ähnliche Mineralien	Apatit ist härter; Pyromorphit und Mimetesit sind nicht rot; brauner oder gelber Vanadinit ist mit einfachen Mitteln nicht von Mimetesit oder Pyromorphit zu unterscheiden; roter Wulfenit bildet keine sechseckigen Kristalle.

BESONDERHEIT
Vanadinit kommt dort vor, wo Lösungen Vanadium aus dem Nebengestein lösen können. Es kann sich dann in der Oxidationszone mit bleihaltigen Verwitterungslösungen zu Vanadinit verbinden.

FREIBERG/SACHSEN

STRICHFARBE: WEISS

  ## Silber, gediegen
Ag Härte 3

Dichte	9,6–12
Farbe	Silberweiß, oft schwärzlich angelaufen
Glanz	Metallglanz, angelaufen manchmal matt
Spaltbarkeit	Keine
Bruch	Hakig
Tenazität	Milde, sehr dehnbar, kann zu Plättchen gehämmert werden
Kristallform	Kubisch; als Kristalle selten, vorherrschend Würfel, skelettförmige, dendritische, blech- und drahtförmige Aggregate, derb, eingewachsen
Vorkommen	In verschieden temperierten hydrothermalen Gängen; sekundär als Zementationsbildung, auf Kluftflächen in schwarzen Schiefern
Begleitmineralien	Silberglanz, Pyrargyrit, Proustit, Stephanit
Ähnliche Mineralien	Bleiglanz u.a. silbergraue Mineralien können – außer Silberglanz – nicht zu Plättchen gehämmert werden; Silberglanz hat einen dunklen Strich.

BESONDERHEIT
Silber tritt besonders oft in Form von mehr oder weniger dünnen oder dicken Drähten auf, die oft verdreht oder gebogen sind. Man nennt sie dann auch »Silberlocken«.

STRICHFARBE: WEISS

HIMALAYA MINE/KALIFORNIEN

 **Lepidolith**
$KLi_2Al[(F,OH)_2/Si_4O_{10}]$

Härte 3

Dichte	2,8–3,2
Farbe	Rosa, rosaviolett, rötlich
Glanz	Perlmuttglanz
Spaltbarkeit	Nach der Basis äußerst vollkommen
Bruch	Blättrig
Tenazität	Milde, Blättchen elastisch biegsam
Kristallform	Monoklin; sechsseitige Kristalle tafelig, selten prismatisch, rosettenförmige Aggregate, Blättchen, schuppige bis dichte Aggregate und Massen
Vorkommen	Meist eingewachsen in Pegmatiten und in pneumatolytischen Gängen, selten aufgewachsene Kristalle, meist in Pegmatiten
Begleitmineralien	Turmalin (z. B. Rubellit, Verdelith, oft in Edelsteinqualität), Beryll, Topas, Apatit, Feldspat, Quarz
Ähnliche Mineralien	Die Farbe von Lepidolith ist sehr typisch, manganhaltiger Muskovit (Alurgit) kann auch rosa sein, kommt aber nur in metamorphen Gesteinen vor.

BESONDERHEIT
Lepidolith kann als Lithiumerz wichtig sein. Lithium ist das leichteste Metall und wird z. B. in Batterien und in der Feuerwerkerei (karminrote Farbe) verwendet.

DAUN/EIFEL

STRICHFARBE: WEISS

Biotit
$K(Mg,Fe)_3[(OH)_2/(Al,Fe)Si_3O_{10}]$

Härte 3

Dichte	2,8–3,2
Farbe	Dunkelbraun, dunkelgrün, schwarz, rötlich
Glanz	Perlmuttglanz
Spaltbarkeit	Nach der Basis äußerst vollkommen
Bruch	Blättrig
Tenazität	Milde, Blättchen elastisch biegsam
Kristallform	Monoklin; sechsseitige Kristalle tafelig, prismatisch, rosettenförmig, Blättchen, Schuppen
Vorkommen	Eingewachsen als Gesteinsgemengteil in Graniten, Pegmatiten, Gneisen, Glimmerschiefern, Dioriten, Hornfelsen, vulkanischen Gesteinen, selten aufgewachsene Kristalle auf Klüften der genannten Gesteine, in vulkanischen Auswürflingen
Begleitmineralien	Quarz, Muskovit, Feldspat, Augit, Hornblende
Ähnliche Mineralien	Chlorit und Talk sind weicher, ihre Blättchen sind nicht elastisch biegsam; Muskovit hat eine andere Farbe, genauso wie Lepidolith.

BESONDERHEIT
Prismatische Biotitkristalle können Kristallen von Augit oder Hornblende ähneln, sind aber durch ihre hervorragende Spaltbarkeit sofort zu erkennen.

STRICHFARBE: WEISS

ST. ANDREASBERG/HARZ

  Kalkspat
Calcit CaCO$_3$

Härte 3

Dichte	2,6–2,8
Farbe	Farblos, weiß, gelb, braun; durch Fremdbeimengungen vielfältig gefärbt: rot, blau, grün, schwarz
Glanz	Glasglanz
Spaltbarkeit	Sehr vollkommen nach dem Grundrhomboeder
Bruch	Spätig bis muschelig
Tenazität	Spröde
Kristallform	Trigonal; Kristalle sehr vielfältig als Skalenoeder, Rhomboeder, Prisma mit Basis; Habitus prismatisch, isometrisch, linsenförmig, nadelig, dick- und dünntafelig; oft Zwillinge mit einspringenden Winkeln, herz- oder schmetterlingsförmig, oft auch strahlige, kugelige und nierige Aggregate, in Form von Tropfsteinen, als Gangfüllungen, gesteinsbildend als Kalkstein und Marmor derb. Klare Spaltstücke von Calcit erlauben die Beobachtung einer besonderen Eigenschaft, der Doppelbrechung. Legt man solche Spaltstücke auf liniertes Papier, so erscheinen alle Linien doppelt.
Vorkommen	Kristalle in Drusen von Erzgängen, Blasenhohlräumen von vulkanischen Gesteinen, auf Klüften und

SCHNEEBERG/SACHSEN

STRICHFARBE: WEISS

in Drusen von Karbonatgesteinen, als Gangart vieler hydrothermaler Gänge; gesteinsbildend magmatisch in Karbonatiten, sedimentär in Kalksteinen, in Kalktuffen, in Mergeln, als Bindemittel in Sandsteinen, metamorph in Marmoren. Besonders schöne Kalkspatkristalle wurden in Deutschland in den Erzgängen von St. Andreasberg im Harz gefunden, die besten Zwillinge stammen aus den Lagerstätten von Frizington in Cumberland, Großbritannien.

Begleitmineralien Dolomit, Quarz, Bleiglanz, Kupferkies, Pyrit, Arsenkies, Zinkblende und viele andere Erzminerale

Ähnliche Mineralien Kalkspat braust beim Betupfen mit verdünnter kalter Salzsäure, Dolomit braust im Gegensatz zu Kalkspat nur mit heißer Salzsäure; Quarz ist härter; Gips ist weicher; Anhydrit hat eine Spaltbarkeit mit rechten Spaltwinkeln und braust nicht mit Salzsäure.

> **BESONDERHEIT**
> Kalkspat ist das Mineral mit den meisten verschiedenen Kristallformen überhaupt. Weltweit wurden über 2000 verschiedene Formen gezählt, die zum Teil allerdings extrem selten sind.

STRICHFARBE: WEISS

SIEGERLAND

Anglesit
$PbSO_4$

Härte 3

Dichte	6,3
Farbe	Farblos, weiß, gelblich, bräunlich, grau
Glanz	Glasglanz bis Fettglanz
Spaltbarkeit	Nach der Basis sichtbar
Bruch	Muschelig
Tenazität	Spröde
Kristallform	Orthorhombisch; aufgewachsene Kristalle tafelig, prismatisch, dipyramidal, nadelig, daneben auch körnig, krustig, derb
Vorkommen	In der Oxidationszone von Bleilagerstätten, oft als erste Bildung bei der Verwitterung von Bleiglanz, besonders schöne Kristalle fand man im Siegerland.
Begleitmineralien	Cerussit, Bleiglanz, Phosgenit, Kalkspat, Quarz, Wulfenit
Ähnliche Mineralien	Schwerspat hat eine viel bessere Spaltbarkeit; Cerussit zeigt im Gegensatz zu Anglesit oft knieförmige Zwillinge und sternförmige Drillinge.

BESONDERHEIT
Anglesit und Cerussit treten als Oxidationsminerale des Bleiglanzes oft zusammen auf; Anglesit ist meist der ältere. Wirft man kleine Stückchen in Salzsäure, braust Cerussit auf, Anglesit nicht.

TOUISSIT/MAROKKO

STRICHFARBE: WEISS

  Baryt
Schwerspat BaSO$_4$ Härte 3–3½

Dichte	4,48
Farbe	Farblos, weiß, gelblich, rötlich, blau
Glanz	Glasglanz, Perlmuttglanz auf Spaltflächen
Spaltbarkeit	Nach der Basis vollkommen
Bruch	Spätig bis muschelig
Tenazität	Spröde
Kristallform	Orthorhombisch; Kristalle tafelig, seltener prismatisch; fächerförmige und hahnenkammartige Aggregate, in Sanden auch blütenförmige Aggregate (Barytrosen), spätig, oft derb
Vorkommen	Als Gangart in hydrothermalen Gängen, dort in Drusen oft schöne Kristalle, als Konkretionen
Begleitmineralien	Kalkspat, Quarz, Fluorit, Pyrit
Ähnliche Mineralien	Quarz und Feldspat sind härter; Gips, Kalkspat und Aragonit sind viel leichter; derber Coelestin lässt sich oft mit einfachen Mitteln nicht von Baryt unterscheiden.

BESONDERHEIT
Baryt hat seinen Namen wegen seiner hohen Dichte bekommen. Diese gilt sowohl für den deutschen (Schwerspat) wie für den internationalen Namen (griechisch barys = schwer).

STRICHFARBE: WEISS

SIEGEN/SIEGERLAND

Cerussit
Weißbleierz PbCO$_3$ Härte 3–3½

Dichte	6,4–6,6
Farbe	Farblos, weiß, grau, gelb, braun, schwärzlich
Glanz	Fett- bis Diamantglanz
Spaltbarkeit	Schlecht erkennbar
Bruch	Muschelig
Tenazität	Spröde
Kristallform	Orthorhombisch; Kristalle prismatisch, isometrisch, tafelig, oft knieförmige Zwillinge, durch mehrfache Verzwillingung sternförmige und gitterförmige Gebilde, nierig, krustig, erdig
Vorkommen	In der Oxidationszone von Bleilagerstätten
Begleitmineralien	Bleiglanz, Pyromorphit, Smithsonit, Anglesit, Kalkspat, Quarz, Zinkblende
Ähnliche Mineralien	Kalkspat und Aragonit brausen im Gegensatz zu Cerussit bereits mit verdünnter Salzsäure; die charakteristische Verzwillingung unterscheidet Cerussit von Anglesit.

BESONDERHEIT

Cerussit entsteht bei der Verwitterung von Bleiglanz. Manchmal enthält er noch fein verteilte Reste und ist dadurch schwarz gefärbt. Man bezeichnet ihn dann auch als Schwarzbleierz.

ESCHENLOHE/BAYERN

STRICHFARBE: WEISS

  Coelestin
$SrSO_4$

Härte 3–3½

Dichte	3,9–4,0
Farbe	Farblos, weiß, blau, rötlich, grünlich, bräunlich
Glanz	Glasglanz, auf Spaltflächen Perlmuttglanz
Spaltbarkeit	Nach der Basis vollkommen, zwei weitere Spaltrichtungen sind viel schlechter
Bruch	Uneben
Tenazität	Spröde
Kristallform	Orthorhombisch; Kristalle dünn- bis dicktafelig, prismatisch, Aggregate radialstrahlig, stängelig, faserig, körnig, erdig
Vorkommen	In hydrothermalen Gängen und Blasenhohlräumen vulkanischer Gesteine, als Spalten- und Drusenfüllungen in Kalken und Mergeln, in sedimentären Lagen in Kalksteinen
Begleitmineralien	Kalkspat, Pyrit, Schwerspat
Ähnliche Mineralien	Schwerspat hat eine größere Dichte; Kalkspat braust mit Salzsäure; Gips ist viel weicher.

BESONDERHEIT
Die schönsten intensiv blau gefärbten Coelestine in großen Drusen kommen von der Insel Madagaskar, wo sie abgebaut und in alle Welt verkauft werden.

STRICHFARBE: WEISS

MINA OJUELA/MEXIKO

Adamin
$Zn_2[OH/AsO_4]$

Härte 3½

Dichte	4,3–4,5
Farbe	Farblos, weiß, gelb, rosa bis violett (kobalthaltig = Kobaltadamin)
Glanz	Glasglanz
Spaltbarkeit	Vollkommen, aber meist nicht erkennbar
Bruch	Muschelig
Tenazität	Spröde
Kristallform	Orthorhombisch; prismatische bis nadelige Kristalle, radialstrahlige Aggregate, krustig, derb
Vorkommen	In der Oxidationszone von Zinklagerstätten, die auch arsenhaltige Primärmineralien führen. Die schönsten Adamine in Europa stammen von Lavrion in Griechenland.
Begleitmineralien	Smithsonit, Azurit, Hemimorphit, Aurichalcit
Ähnliche Mineralien	Cuproadamin ist grün in verschiedenen Farbtönen gefärbt; Olivenit ist immer dunkelgrün, Anglesit und Cerussit haben eine andere Kristallform.

BESONDERHEIT
Reiner Adamin leuchtet intensiv bei Bestrahlung mit ultraviolettem Licht. Enthält er geringe Mengen z. B. von Kupfer, dann verschwindet diese Erscheinung und er leuchtet überhaupt nicht.

MINA OJUELA/MEXIKO

STRICHFARBE: WEISS

Cuproadamin
(Zn,Cu)$_2$[OH/AsO$_4$]

Härte 3½

Dichte	4,3–4,5
Farbe	Hell- bis dunkelgrün, blaugrün
Glanz	Glasglanz
Spaltbarkeit	Vollkommen, aber meist nicht erkennbar
Bruch	Muschelig
Tenazität	Spröde
Kristallform	Orthorhombisch; prismatische bis nadelige Kristalle, radialstrahlige Aggregate, krustig, derb
Vorkommen	In der Oxidationszone von Zinklagerstätten, die auch arsenhaltige und kupferhaltige Primärmineralien führen. Die schönsten Cuproadamine in Europa stammen von Lavrion in Griechenland.
Begleitmineralien	Smithsonit, Azurit, Hemimorphit, Agardit, Aurichalcit
Ähnliche Mineralien	Olivenit ist immer dunkelgrün; Malachit braust beim Betupfen mit verdünnter Salzsäure.

BESONDERHEIT

Cuproadamin ist kein selbstständiges Mineral, sondern eine kupferhaltige Varietät von Adamin. Er kommt allerdings häufig vor und ist so charakteristisch gefärbt, dass er separat aufgeführt wird.

STRICHFARBE: WEISS

LA UNIÓN/SPANIEN

Ludlamit
$Fe_3[PO_4]_2 \cdot 4\,H_2O$

Härte 3–4

Dichte	3,1
Farbe	Hellgrün bis grün
Glanz	Glasglanz
Spaltbarkeit	Nach der Basis vollkommen
Bruch	Uneben
Tenazität	Spröde
Kristallform	Monoklin; oktaederähnliche bis dick- und dünntafelige Kristalle, rosettenartige Aggregate und derbe, spätige, gut spaltbare Massen
Vorkommen	In Phosphatpegmatiten, auf hydrothermalen Erzlagerstätten. In Deutschland besonders berühmt ist das Vorkommen im Phosphatpegmatit von Hagendorf in der bayerischen Oberpfalz.
Begleitmineralien	Vivianit, Pyrit, Siderit, Markasit
Ähnliche Mineralien	Farbe und Spaltbarkeit von Ludlamit verhindern jede Verwechslung.

BESONDERHEIT
Die schönsten Ludlamitkristalle stammen aus Erzlagerstätten. Diese Stufen sind allerdings sehr empfindlich gegen Luftfeuchtigkeit und müssen deshalb möglichst trocken aufbewahrt werden.

SIEGEN/SIEGERLAND

STRICHFARBE: WEISS

 Siderit
Eisenspat $FeCO_3$ Härte 4–4½

Dichte	3,7–3,9
Farbe	Gelbweiß, gelbbraun bis dunkelbraun
Glanz	Glasglanz
Spaltbarkeit	Vollkommen nach dem Rhomboeder
Bruch	Spätig
Tenazität	Spröde
Kristallform	Trigonal; rhomboedrische Kristalle, oft sattelförmig gekrümmt, selten Skalenoeder, oft derb
Vorkommen	In Pegmatiten und Blasenhohlräumen von vulkanischen Gesteinen, als Gangart in hydrothermalen Gängen, in Stöcken und Linsen in metasomatisch veränderten Kalken, als Konkretionen oder in Lagen in Sedimenten, in Torfmooren
Begleitmineralien	Schwerspat, Kalkspat, Pyrit, Kupferkies
Ähnliche Mineralien	Kalkspat braust im Gegensatz zu Siderit schon mit verdünnter Salzsäure; Zinkblende hat eine andere Spaltbarkeit.

BESONDERHEIT
Siderit war früher ein wichtiges Eisenerz, das z.B. im Siegerland abgebaut wurde, heute wird er von den Mineralien Hämatit und Magnetit, die einen höheren Eisengehalt haben, verdrängt.

STRICHFARBE: WEISS

MINA OJUELA/MEXIKO

Paradamin
$Zn_2[OH/AsO_4]$

Härte 3½

Dichte	4,5
Farbe	Gelblich bis orangegelb
Glanz	Glasglanz
Spaltbarkeit	Vollkommen
Bruch	Uneben
Tenazität	Spröde
Kristallform	Triklin; tafelige Kristalle, oft gerundet, meist aufgewachsen, selten derb
Vorkommen	In der Oxidationszone von Zinklagerstätten, die auch arsenhaltige Primärmineralien führen. Die schönsten Paradaminkristalle kommen von der Mina Ojuela in Mexiko.
Begleitmineralien	Limonit, Adamin, Mimetesit, Kalkspat
Ähnliche Mineralien	Adamin hat eine andere Kristallform; gelblicher Kalkspat braust im Gegensatz zu Paradamin beim Betupfen mit verdünnter Salzsäure; Schwerspat hat eine andere Kristallform.

BESONDERHEIT
Paradamin hat seinen Namen erhalten, weil er die gleiche chemische Zusammensetzung wie Adamin hat, sich von diesem aber durch eine andere Kristallstruktur unterscheidet.

MINGLANILLA/SPANIEN

STRICHFARBE: WEISS

  Aragonit
$CaCO_3$

Härte 3½–4

Dichte	2,95
Farbe	Farblos, weiß, grau, rot bis rotviolett
Glanz	Glasglanz
Spaltbarkeit	Nur undeutlich
Bruch	Muschelig
Tenazität	Spröde
Kristallform	Orthorhombisch; Kristalle meist nadelig, prismatisch, spatelförmig, Drillinge ähneln hexagonalen Prismen; strahlige, körnige Aggregate, wurmförmige, korallenartige Gebilde (Eisenblüte)
Vorkommen	In der Oxidationszone, in Drusen von Ergussgesteinen, in Tonen eingewachsen, in heißen Quellen
Begleitmineralien	Quarz, Kalkspat, Siderit, Limonit
Ähnliche Mineralien	Kalkspat unterscheidet sich von Aragonit durch seine Spaltbarkeit; alle anderen Mineralien durch die Salzsäureprobe, sie brausen im Gegensatz zum Aragonit nicht mit verdünnter Salzsäure.

BESONDERHEIT

Aragonit braust, genauso wie Kalkspat, der die gleiche chemische Zusammensetzung hat, beim Betupfen mit verdünnter Salzsäure auf. Man sagt, sie sind isochem.

ARKANSAS/USA

STRICHFARBE: WEISS

Wavellit
$Al_3[(OH)_3/(PO_4)_2] \cdot 5\,H_2O$ Härte 4

Dichte	2,3–2,4
Farbe	Farblos, weiß, gelb, grün
Glanz	Glasglanz
Spaltbarkeit	Wegen der nadeligen Ausbildung nicht sichtbar
Bruch	Uneben
Tenazität	Spröde
Kristallform	Monoklin; nadelige Kristalle, strahlig, kugelige bis sonnenförmige Aggregate auf schmalen Klüften im Gestein
Vorkommen	Auf Klüften von Kieselschiefer, zersetztem Granit, Kalkstein. Schöne deutsche Wavellitstufen stammen aus der Nähe von Apricke bei Iserlohn.
Begleitmineralien	Strengit, Kakoxen, Quarz, Kalkspat
Ähnliche Mineralien	Natrolith und Prehnit sind härter; Kalkspat und Aragonit brausen beim Betupfen mit Salzsäure.

BESONDERHEIT
Die typischen kreisförmigen Strukturen auf dem Gestein entstehen, wenn Wavellit in ganz dünnen Spalten im Gestein wächst, sodass nur Platz für zweidimensionale Sonnen bleibt.

ST. ANDREASBERG/HARZ

STRICHFARBE: WEISS

 Stilbit
Desmin Ca[Al$_2$Si$_7$O$_{18}$] · 7 H$_2$O   Härte 3½–4

Dichte	2,1–2,2
Farbe	Farblos, gelb, weiß, braun
Glanz	Glasglanz, auf Spaltflächen Perlmuttglanz
Spaltbarkeit	Vollkommen
Bruch	Uneben
Tenazität	Spröde
Kristallform	Monoklin; prismatische bis tafelige Kristalle, oft zu garbenförmigen Büscheln verwachsen, kugelige, radialstrahlige Aggregate, fast immer aufgewachsen
Vorkommen	In Blasenhohlräumen von vulkanischen Gesteinen, Drusen und Klüften von Pegmatiten, Graniten und anderen magmatischen Gesteinen, in alpinen Klüften, in Erzgängen
Begleitmineralien	Heulandit, Chabasit, Skolezit, Kalkspat, Laumontit
Ähnliche Mineralien	Die typische Kristallform von Stilbit lässt kaum Verwechslungen zu.

BESONDERHEIT
Stilbit wurde früher wegen seiner typischen Aggregatform auch Garbenzeolith genannt. Die schönsten derartigen Aggregate kommen aus den vulkanischen Gesteinen von Island.

STRICHFARBE: WEISS

SVAPPAVAARA/SCHWEDEN

Strengit
$Fe[PO_4] \cdot 2\,H_2O$

Härte 3–4

Dichte	2,87
Farbe	Farblos, weiß, gelb, rosa, violett
Glanz	Glasglanz
Spaltbarkeit	Nach der Basis vollkommen
Bruch	Muschelig
Tenazität	Spröde
Kristallform	Orthorhombisch; tafelige bis isometrische, oft flächenreiche Kristalle, radialstrahlige und kugelige Aggregate, Krusten, Überzüge
Vorkommen	In phosphorhaltigen Brauneisenlagerstätten und Phosphatpegmatiten, wo er durch Verwitterung anderer Phosphatminerale entsteht
Begleitmineralien	Phosphosiderit, Strunzit, Rockbridgeit, Limonit
Ähnliche Mineralien	Phosphosiderit hat eine andere Kristallform, ist aber in radialstrahligen Aggregaten nicht leicht von Strengit zu unterscheiden. Der in der Farbe sehr ähnliche Amethyst ist viel härter.

BESONDERHEIT
Die besten Strengite der Welt kommen aus Bayern. Die Kristalle, die Hohlräume im Quarz des Kreuzbergs in Pleystein auskleiden, sehen auf den ersten Blick wie Amethyst-Drusen aus.

CONNEMARA/IRLAND

STRICHFARBE: WEISS

Serpentin
Antigorit, Chrysotil $Mg_6[(OH)_8/Si_4O_{10}]$ Härte 3–4

Dichte	2,5–2,6
Farbe	Weiß, grün in allen Schattierungen, gelb
Glanz	Fettglanz bis Seidenglanz
Spaltbarkeit	Wegen der feinkörnigen Ausbildung meist nicht erkennbar
Bruch	Muschelig bis faserig
Tenazität	Milde
Kristallform	Monoklin; Antigorit blättchenförmig, meist sehr feinkörnig, dicht; Chrysotil (Asbest) faserig, haarförmig
Vorkommen	Gesteinsbildend in Serpentiniten, Chrysotil auf den Klüften dieses Gesteins
Begleitmineralien	Olivin, Talk, Magnetit, Dolomit, Magnesit, Annabergit, Kalkspat
Ähnliche Mineralien	Talk ist weicher; Hornblendeasbest (feinfaserige Hornblendemineralien) ist im Gegensatz zu Chrysotil spröde.

BESONDERHEIT
Antigorit und Chrysotil sind chemisch gleich. Antigorit bildet winzige mehr oder weniger ebene Blättchen, bei Chrysotil sind diese zu mikroskopisch kleinen haarförmigen Röllchen eingerollt.

STRICHFARBE: WEISS

BADENWEILER/SCHWARZWALD

 Pyromorphit
Grünbleierz, Braunbleierz $Pb_5[Cl/(PO_4)_3]$ Härte 3½–4

Dichte	6,7–7,0
Farbe	Grün, braun, orange, weiß, farblos
Glanz	Fettglanz
Spaltbarkeit	Keine
Bruch	Muschelig
Tenazität	Spröde
Kristallform	Hexagonal; prismatische Kristalle, oft tönnchenförmig durch gekrümmte Prismenflächen, nadelig, radialstrahlig, nierig, krustenförmig, erdig
Vorkommen	In der Oxidationszone der verschiedensten Typen von Bleilagerstätten, besonders in deren oberen, der Verwitterung ausgesetzten Teilen
Begleitmineralien	Bleiglanz, Cerussit, Wulfenit, Hemimorphit
Ähnliche Mineralien	Mimetesit lässt sich von Pyromorphit mit einfachen Mitteln oft nur schwer unterscheiden, arsenhaltige Mineralien als Begleitmineralien können aber einen Hinweis auf das Vorliegen von Mimetesit geben.

BESONDERHEIT
Durch gekrümmte Kristallflächen können beim Pyromorphit oft tonnenförmige Kristalle entstehen. Besonders schön kamen sie bei Bad Ems vor und wurden daher »Emser Tönnchen« genannt.

TSUMEB/NAMIBIA

STRICHFARBE: WEISS

Mimetesit
$Pb_5[Cl/(PO_4)_3]$

Härte $3½–4$

Dichte	7,1
Farbe	Farblos, weiß, braun, orange, gelb, grün, grau
Glanz	Diamantglanz bis Fettglanz
Spaltbarkeit	Keine
Bruch	Muschelig
Tenazität	Spröde
Kristallform	Hexagonal; Kristalle prismatisch, oft tönnchenförmig, nadelig, tafelig bis dicktafelig, kugelige und radialstrahlige Aggregate, nierige Krusten, erdig
Vorkommen	In der Oxidationszone von Bleilagerstätten, die auch arsenhaltige Mineralien führen
Begleitmineralien	Bleiglanz, Cerussit, Duftit, Anglesit, Wulfenit, Pyromorphit, Kalkspat, Quarz, Vanadinit
Ähnliche Mineralien	Apatit ist härter; Vanadinit und Pyromorphit sind mit einfachen Mitteln nicht zu unterscheiden. Die Paragenese von Mimetesit mit arsenhaltigen Mineralien gibt aber Hinweise, Vanadinit ist meist rot.

BESONDERHEIT
Mimetesit kommt oft zusammen mit Pyromorphit vor. Er bildet mit diesem auch Mischkristalle, die man Kampylit nennt. Die besten Kampylite kommen aus Cumberland in Großbritannien.

STRICHFARBE: WEISS

FASSATAL/SÜDTIROL

Heulandit
Ca[Al$_2$Si$_7$O$_{18}$] · 6 H$_2$O

Härte 3½–4

Dichte	2,2
Farbe	Farblos, weiß, gelblich, rot, braun
Glanz	Glasglanz, auf Spaltflächen Perlmuttglanz
Spaltbarkeit	Sehr vollkommen, eine Spaltfläche
Bruch	Uneben
Tenazität	Spröde
Kristallform	Monoklin; dünn- bis dicktafelige Kristalle, radialstrahlige bis kugelige Aggregate, immer aufgewachsen
Vorkommen	In Drusen von Pegmatiten, auf Erzgängen, in Blasenhohlräumen vulkanischer Gesteine
Begleitmineralien	Stilbit, Chabasit, Skolezit, Kalkspat, Quarz, Apophyllit
Ähnliche Mineralien	Stilbit, Phillipsit und Chabasit haben eine andere Kristallform; Kalkspat braust im Gegensatz zu Heulandit beim Betupfen mit verdünnter Salzsäure; Apophyllit hat eine andere Kristallform.

BESONDERHEIT
Heulandit gehört zu den so genannten Blätter-Zeolithen, weil er nur eine Spaltebene besitzt und daher blättrig aufspaltet. Diese Fläche glänzt besonders intensiv.

UCHUCCHACCUA/PERU

Rhodochrosit
Himbeerspat, Manganspat $MnCO_3$

STRICHFARBE: WEISS

Härte 3½–4

Dichte	3,3–3,6
Farbe	Rosafarben, hellrot, tiefrot, gelbgrau, bräunlich
Glanz	Glasglanz
Spaltbarkeit	Nach dem Rhomboeder vollkommen
Bruch	Uneben
Tenazität	Spröde
Kristallform	Trigonal; Rhomboeder, Skalenoeder, oft gerundet häufig kugelige, nierige und radialstrahlige Aggregate, stalaktitisch, krustig, derb
Vorkommen	In hydrothermalen Gängen, in der Oxidationszone von Eisen-Mangan-Lagerstätten, als Linsen und Lager in metamorphen Gesteinen
Begleitmineralien	Quarz, Limonit, Pyrolusit, Rhodonit
Ähnliche Mineralien	Kalkspat braust im Gegensatz zu Rhodochrosit mit verdünnter kalter Salzsäure; von rosa manganhaltigem Dolomit lässt sich Rhodochrosit mit einfachen Mitteln manchmal nicht unterscheiden.

BESONDERHEIT
Wegen seiner roten Farbe und der manchmal kugeligen Aggregate wird Rhodochrosit auch Himbeerspat genannt. Die schönsten solchen Stufen kommen in Deutschland aus dem Siegerland.

STRICHFARBE: WEISS

SIEGERLAND

Dolomit
Bitterspat CaMg(CO$_3$)$_2$ Härte 3½–4

Dichte	2,85–2,95
Farbe	Farblos, weiß, rosa, grau, bräunlich, schwärzlich
Glanz	Glasglanz
Spaltbarkeit	Vollkommen nach dem Rhomboeder
Bruch	Spätig
Tenazität	Spröde
Kristallform	Trigonal; meist nur das Grundrhomboeder vorhanden, oft sattelförmig gekrümmt, sehr selten spitze Rhomboeder oder flächenreicher, oft derb
Vorkommen	In hydrothermalen Gängen als Gangart und in Drusen, gesteinsbildend, Kristalle häufig auf Klüften von Dolomitgestein
Begleitmineralien	Quarz, Kalkspat, Pyrit, Kupferkies, Siderit
Ähnliche Mineralien	Kalkspat braust schon mit kalter verdünnter Salzsäure; Quarz ist härter, Gips weicher; Anhydrit hat eine andere Spaltbarkeit und braust auch nicht mit heißer Salzsäure.

BESONDERHEIT
Dolomit braust im Gegensatz zu Kalkspat nicht beim Betupfen mit verdünnter Salzsäure. Erst heiße Salzsäure (Vorsicht! Sehr gefährlich) bringt ihn zum Brausen.

BAHIA/BRASILIEN

STRICHFARBE: WEISS

Magnesit
$MgCO_3$

Härte 4–4½

Dichte	3,0
Farbe	Farblos, weiß, gelblich, bräunlich, grau
Glanz	Glasglanz
Spaltbarkeit	Sehr vollkommen nach dem Rhomboeder
Bruch	Spätig
Tenazität	Spröde
Kristallform	Trigonal; selten rhomboedrische Kristalle, sechseckige Tafeln, meist derbe, körnige, spätige Massen, dicht
Vorkommen	Große Verdrängungskörper in Dolomiten, in Talkschiefern, auf Klüften und in Gängen im Serpentin
Begleitmineralien	Aragonit, Kalkspat, Dolomit, Apatit, Talk, Serpentin, Quarz
Ähnliche Mineralien	Kalkspat braust im Gegensatz zu Magnesit bereits mit verdünnter kalter Salzsäure; Dolomit ist etwas weicher, aber oft nicht mit einfachen Mitteln von Magnesit zu unterscheiden.

BESONDERHEIT
In Verdrängungslagerstätten tritt Magnesit in großen Massen auf, bei denen weiße flammenartige Kristalle in einer dunklen Matrix liegen. Man nennt diese Varietät Pinolit-Magnesit.

STRICHFARBE: WEISS

SIEGERLAND

 Phillipsit
$KCa[Al_3Si_5O_{16}] \cdot 6\,H_2O$

Härte 4–4½

Dichte	2,2
Farbe	Farblos, weiß, gelblich, rötlich
Glanz	Glasglanz
Spaltbarkeit	Deutlich
Bruch	Uneben
Tenazität	Spröde
Kristallform	Monoklin; immer verzwillingt, meist prismatische Zwillinge und Vierlinge, aber auch Zwölflinge, die wie Rhombendodekaeder aussehen, radialstrahlige, kugelige Aggregate, fast immer aufgewachsen
Vorkommen	In Blasenhohlräumen von vulkanischen Gesteinen aufgewachsen
Begleitmineralien	Chabasit, Natrolith, Heulandit, Stilbit, Kalkspat, Aragonit, Opal, Quarz
Ähnliche Mineralien	Stilbit und Heulandit haben eine vollkommene Spaltbarkeit mit Perlmuttglanz auf den Spaltflächen.

BESONDERHEIT
Die schönsten und größten Phillipsitkristalle in Deutschland kommen aus dem Gebiet des Vogelsberges in Hessen und vom Kaiserstuhl in Baden-Württemberg.

ASTURIEN/SPANIEN

STRICHFARBE: WEISS

Fluorit
Flussspat CaF_2 **Härte** 4

Dichte	3,1–3,2
Farbe	Farblos, weiß, rosa, gelb, grün, blau, violett, schwarz, manchmal auch mehrere Farben an einem Kristall
Glanz	Glasglanz
Spaltbarkeit	Vollkommen nach dem Oktaeder
Bruch	Uneben
Tenazität	Spröde
Kristallform	Kubisch; Würfel, Oktaeder, auch in Kombination miteinander oder mit anderen Kristallformen, strahlige, nierige Aggregate, selten kugelig, derb
Vorkommen	In hydrothermalen Gängen als Gangart, Kristalle in Drusen und auf Klüften in Kalken, auf Klüften von Silikatgesteinen, lagig derb in Sedimentgesteinen
Begleitmineralien	Kalkspat, Schwerspat, Quarz, Pyrit, Bleiglanz
Ähnliche Mineralien	Von Apatit unterscheiden sich Kristallform und Spaltbarkeit, von Kalkspat und Quarz Härte; Steinsalz ist wasserlöslich und schmeckt salzig.

BESONDERHEIT
Flussspat leuchtet beim Bestrahlen mit ultraviolettem Licht intensiv in verschiedenen, meist blauen Farbtönen. Man nennt diese Erscheinung nach dem Mineral Fluorit Fluoreszenz.

STRICHFARBE: WEISS

CAMPOLUNGO/SCHWEIZ

 Disthen
Kyanit, Cyanit Al$_2$[O/SiO$_4$]

Härte 4–7

Dichte	3,6–3,7
Farbe	Blau, grau, weißlich, schwarz
Glanz	Glasglanz
Spaltbarkeit	Vollkommen
Bruch	Uneben
Tenazität	Spröde
Kristallform	Triklin; stängelige, lattenförmige Kristalle, radialstrahlige Aggregate, immer eingewachsen
Vorkommen	In metamorphen Gesteinen, Gneisen, Glimmerschiefern eingewachsen. Die schönsten Disthene in Europa stammen von der Alpe Sponda am Campolungo im Tessin, Schweiz.
Begleitmineralien	Staurolith, Quarz, Biotit, Muskovit, Aktinolith, Granat, Andalusit
Ähnliche Mineralien	Der Richtungsunterschied der Härte unterscheidet Disthen von allen anderen Mineralien.

BESONDERHEIT
Disthen besitzt eine ganz besondere Eigenschaft: Seine Härte beträgt in der Längsrichtung 4–4½, quer dazu 6–7. Dieser große Unterschied ist ein sicheres Bestimmungsmerkmal.

POONA/INDIEN

STRICHFARBE: WEISS

Apophyllit
$KCa_4[(F,OH)/(Si_4O_{10})_2] \cdot 8\,H_2O$ **Härte** 4½–5

Dichte	4,5–5
Farbe	Farblos, weiß, gelb, grün, blaugrün, braun, rosa
Glanz	Glasglanz, auf der Basis starker Perlmuttglanz
Spaltbarkeit	Nach der Basis vollkommen
Bruch	Uneben
Tenazität	Spröde
Kristallform	Tetragonal; Kristalle tafelig, würfelähnlich, prismatisch, bipyramidal, blättrig, körnig, derb
Vorkommen	In Blasenhohlräumen vulkanischer Gesteine, in Drusen und auf Klüften von Erzgängen, auf alpinen Klüften. In den Erzgängen von St. Andreasberg im Harz kommen besonders ungewöhnliche rosafarbene Kristalle vor.
Begleitmineralien	Stilbit, Heulandit, Kalkspat, Quarz, Harmotom
Ähnliche Mineralien	Kristallform und der starke Perlmuttglanz auf der Basisfläche unterscheiden Apophyllit von allen anderen Mineralien dieser Paragenesen.

BESONDERHEIT
Die schönsten Apophyllitkristalle der Welt, zum Teil von intensiv smaragdgrüner Farbe, stammen aus den Basaltsteinbrüchen in der Umgebung der indischen Millionenstadt Poona.

TSUMEB/NAMIBIA

  Smithsonit
Zinkspat ZnCO$_3$ Härte 5

Dichte	4,3–4,5
Farbe	Farblos, weiß, gelb, braun, rot, grün, blau, grau
Glanz	Glasglanz
Spaltbarkeit	Nach dem Rhomboeder vollkommen
Bruch	Uneben
Tenazität	Spröde
Kristallform	Trigonal; Skalenoeder und Rhomboeder, oft gerundet, reiskornförmig, Aggregate nierig, stalaktitisch, schalig, derb
Vorkommen	In der Oxidationszone von Zinklagerstätten. Besonders schöne Funde in Europa stammen von Sardinien und Lavrion in Griechenland.
Begleitmineralien	Hydrozinkit, Wulfenit, Hemimorphit, Aurichalcit, Cerussit, Anglesit, Willemit
Ähnliche Mineralien	Kalkspat braust im Gegensatz zu Zinkspat mit verdünnter Salzsäure; Dolomit kommt normalerweise nicht in der Oxidationszone von Zinklagerstätten vor.

BESONDERHEIT
Nieriger, blau gefärbter Smithsonit wird auch Calamin genannt. Allerdings wird dieser Name auch für ähnlich ausgebildeten Hemimorphit verwendet, sodass er nicht eindeutig ist.

STRICHFARBE: WEISS

STRIEGAU/POLEN

Chabasit
Ca[Al$_2$Si$_4$O$_{12}$]

Härte 5

Dichte	2,08
Farbe	Farblos, weiß, gelb, orange, braun
Glanz	Glasglanz
Spaltbarkeit	Undeutlich
Bruch	Uneben
Tenazität	Spröde
Kristallform	Trigonal; würfelähnliche Rhomboeder, oft Zwillinge, immer aufgewachsen
Vorkommen	In Blasenhohlräumen vulkanischer Gesteine und Hohlräumen von Pegmatiten, in Drusen und Klüften auf Erzgängen, auf alpinen Klüften
Begleitmineralien	Stilbit, Heulandit, Skolezit, Natrolith, Phillipsit, Kalkspat, Opal, Quarz, Aragonit
Ähnliche Mineralien	Kalkspat unterscheidet sich von Chabasit durch seine Spaltbarkeit und braust beim Betupfen mit verdünnter Salzsäure; Fluorit hat ebenfalls im Gegensatz zu Chabasit eine deutliche Spaltbarkeit.

BESONDERHEIT
Chabasit gehört zu den Würfelzeolithen, weil seine Kristalle bei oberflächlicher Betrachtung Würfeln ähneln. Bei genauerem Hinsehen erkennt man die schiefen Winkel mit dem bloßen Auge.

MAPIMI/MEXIKO

Hemimorphit
Kieselzinkerz $Zn_4[(OH)_2/Si_2O_7] \cdot H_2O$ Härte 5

Dichte	3,3–3,5
Farbe	Farblos, weiß, grünlich, braun, gelblich, türkis, blau
Glanz	Glasglanz
Spaltbarkeit	Vollkommen
Bruch	Muschelig
Tenazität	Spröde
Kristallform	Orthorhombisch; Kristalle prismatisch bis nadelig, tafelig, Aggregate strahlig, nierig, stalaktitisch, krustig
Vorkommen	In der Oxidationszone von Zinklagerstätten, dort, wo genügend Kieselsäure vorhanden ist. Besonders schöne Stufen stammen in Europa aus Sardinien und von Altenberg bei Aachen.
Begleitmineralien	Smithsonit, Hydrozinkit, Cerussit, Limonit
Ähnliche Mineralien	Schwerspat ist deutlich schwerer; Cerussit und Anglesit haben eine andere Kristallform; Aragonit braust im Gegensatz zu Hemimorphit beim Betupfen mit Salzsäure.

BESONDERHEIT
Kristalle von Hemimorphit zeichnen sich dadurch aus, dass das obere und untere Ende jeweils verschieden sind. Diese Erscheinung nennt man Hemimorphie, daher auch der Name des Minerals.

TAE WHA/KOREA

Scheelit
$CaWO_4$ Härte 5

Dichte	5,9–6,1
Farbe	Farblos, weiß, gelblich grau, orange, braun, blau
Glanz	Fettglanz
Spaltbarkeit	Meist schwer erkennbar
Bruch	Muschelig
Tenazität	Spröde
Kristallform	Tetragonal; meist Dipyramiden, selten mit Basis, oft derbe, körnige Aggregate
Vorkommen	In Pegmatiten, pneumatolytischen Gängen, hydrothermalen Golderzgängen, auf alpinen Klüften. Besonders schöne orangefarbene Kristalle stammen aus alpinen Klüften im Rauriser Tal.
Begleitmineralien	Fluorit, Quarz, Zinnstein, Wolframit, Molybdänit, Beryll, Topas
Ähnliche Mineralien	Anatas fluoresziert nicht und hat einen anderen Glanz; Fluorit hat im Gegensatz zum Scheelit eine vollkommene Spaltbarkeit nach dem Oktaeder.

BESONDERHEIT
Scheelit fluoresziert beim Bestrahlen mit ultraviolettem Licht außerordentlich intensiv blau bis gelb, wobei die Farbe von geringen Molybdängehalten abhängt.

STRICHFARBE: WEISS

STRICHFARBE: WEISS

EPPRECHTSTEIN/BAYERN

  Apatit
$Ca_5[(F,Cl)/(PO_4)_3]$ Härte 5

Dichte	3,16–3,22
Farbe	Farblos, gelb, blau, grün, violett, rot
Glanz	Glasglanz
Spaltbarkeit	Nach der Basis manchmal deutlich
Bruch	Muschelig
Tenazität	Spröde
Kristallform	Hexagonal; Kristalle prismatisch, lang- bis kurzsäulig, bisweilen kugelig, auf- und eingewachsen, Aggregate nadelig, strahlig, kugelig, auch derb
Vorkommen	Mikroskopisch in allen magmatischen Gesteinen, in frei gewachsenen Kristallen auf deren Klüften und in Hohlräumen, in Pegmatiten, alpinen Klüften, als Konkretionen und Lager in Sedimenten
Begleitmineralien	Magnetit, Anatas, Rutil, Leucit, Beryll, Muskovit, Feldspat, Kalkspat
Ähnliche Mineralien	Quarz, Beryll und Phenakit sind härter; Kalkspat, Pyromorphit, Mimetesit sind weicher.

BESONDERHEIT
Der Name Apatit kommt aus dem Griechischen und bedeutet so viel wie der »Täuscher«. Er ähnelt sehr vielen verschiedenen Mineralien, mit denen er verwechselt werden kann.

HABACHTAL/ÖSTERREICH

STRICHFARBE: WEISS

Titanit
Sphen CaTi[O/SiO$_4$]

Härte 5–5½

Dichte	3,4–3,6
Farbe	Farblos, weiß, gelb, grünlich, rot, braun, blau
Glanz	Harzglanz
Spaltbarkeit	Schwer erkennbar
Bruch	Muschelig
Tenazität	Spröde
Kristallform	Monoklin; aufgewachsene Kristalle tafelig bis prismatisch, oft Durchkreuzungszwillinge mit einspringenden Winkeln, seltener isometrisch, eingewachsene Kristalle briefkuvertförmig
Vorkommen	In vielen Magmatiten und kristallinen Schiefern eingewachsen, aufgewachsene Kristalle in alpinen Klüften, besonders in Amphiboliten, in Pegmatiten, eingewachsen in Marmoren
Begleitmineralien	Quarz, Feldspat, Anatas, Rutil, Brookit, Kalkspat
Ähnliche Mineralien	Anatas ist deutlich tetragonal; Monazit leuchtet bei Bestrahlung mit ungefiltertem UV-Licht grün.

BESONDERHEIT
In alpinen Klüften aufgewachsene Kristalle sind oft keilförmig ausgebildet. Daher kommt der Zweitname des Titanits, Sphen, der nach dem griechischen Wort für Keil gebildet wurde.

STRICHFARBE: WEISS

HOLLERSBACHTAL/ÖSTERREICH

Skolezit
$Ca[Al_2Si_3O_{10}] \cdot 3\,H_2O$ Härte 5½

Dichte	2,26–2,40
Farbe	Farblos, weiß
Glanz	Glasglanz
Spaltbarkeit	Vollkommen, aber an den nadeligen Kristallen schlecht erkennbar
Bruch	Muschelig
Tenazität	Spröde
Kristallform	Monoklin; Kristalle nadelig bis prismatisch, büschelige bis radialstrahlige Aggregate, fast immer aufgewachsen, selten eingewachsen
Vorkommen	Auf Klüften von Graniten, Syeniten, auf alpinen Klüften, in Blasenhohlräumen vulkanischer Gesteine
Begleitmineralien	Apophyllit, Stilbit, Heulandit, Kalkspat, Prehnit
Ähnliche Mineralien	Natrolith ist generell etwas feinfaseriger und eher auf vulkanische Gesteine beschränkt, sonst aber mit einfachen Mitteln von Skolezit kaum zu unterscheiden.

BESONDERHEIT
Skolezit gehört, wie sein naher Verwandter, der Natrolith, zu den Nadelzeolithen. Diese Einteilung verdankt er seiner ausschließlich nadeligen bis faserigen Ausbildung.

SIEGERLAND

STRICHFARBE: WEISS

 ### Natrolith
$Na_2[Al_2Si_3O_{10}] \cdot 2\,H_2O$ Härte 5–5½

Dichte	2,2–2,4
Farbe	Farblos, weiß, gelblich
Glanz	Glasglanz
Spaltbarkeit	Vollkommen, aber meist nicht erkennbar
Bruch	Muschelig
Tenazität	Spröde
Kristallform	Orthorhombisch; Kristalle prismatisch, selten gut sichtbare Endflächen, langprismatisch bis nadelig, radialstrahlige Aggregate, faserige Krusten, meist aufgewachsen, selten eingewachsen
Vorkommen	In Blasenhohlräumen vulkanischer Gesteine, in Syeniten und Nephelinsyeniten
Begleitmineralien	Phillipsit, Analcim, Chabasit, Kalkspat, Aragonit
Ähnliche Mineralien	Skolezit lässt sich von Natrolith nur schwer unterscheiden, ist aber seltener und kommt oft in anderer Paragenese vor; Aragonit braust im Gegensatz zu Natrolith mit verdünnter Salzsäure.

BESONDERHEIT
Am Hohentwiel am Bodensee kommt Natrolith als Besonderheit in dichten faserigen Krusten vor, die gelblich gebändert sind und sogar zu Cabochons verschliffen werden können.

STRICHFARBE: WEISS

HAGENDORF/BAYERN

Hureaulith
$(Mn,Fe)_5H_2[PO_4]_4 \cdot 4\,H_2O$

Härte 5

Dichte	3,2
Farbe	Rosa, rötlich, bräunlich, gelb, weiß, farblos
Glanz	Glasglanz
Spaltbarkeit	Keine
Bruch	Uneben
Tenazität	Spröde
Kristallform	Monoklin; Kristalle prismatisch, mit schiefen Endflächen, tafelig, Aggregate strahlig, derb
Vorkommen	In Phosphatpegmatiten in Drusen und Hohlräumen. Besonders schöne Kristalle wurden in Deutschland im Pegmatit von Hagendorf in Bayern gefunden.
Begleitmineralien	Rockbridgeit, Phosphoferrit, Reddingit, Strengit
Ähnliche Mineralien	Strengit und Phosphosiderit haben eine andere Kristallform, genauso wie Apatit; Quarz und Feldspat sind härter als Hureaulith.

BESONDERHEIT
Künstlich erzeugter Hureaulith auf bestimmten Eisenblechen dient als Korrosionsschutz und sorgt für längere Haltbarkeit bei widrigen Umwelteinflüssen.

RAURIS/ÖSTERREICH

STRICHFARBE: WEISS

  Anatas
TiO_2

Härte 5½–6

Dichte	3,8–3,9
Farbe	Farblos, rosa, rot, gelb, blau, braun, schwarz, grün
Glanz	Metallglanz bis Diamantglanz
Spaltbarkeit	Meist nicht sichtbar
Bruch	Uneben
Tenazität	Spröde
Kristallform	Tetragonal; spitze bis flache Bipyramiden, tafelige Kristalle, praktisch nur aufgewachsen, oft horizontal gestreift
Vorkommen	In alpinen Klüften aufgewachsen, eingewachsen in Tonen, Sandsteinen
Begleitmineralien	Brookit, Rutil, Titanit, Quarz, Feldspat, Magnetit, Kalkspat, Chlorit
Ähnliche Mineralien	Magnetit und Hämatit haben einen schwarzen bzw. roten Strich; Brookit besitzt eine andere Kristallform; Scheelit fluoresziert intensiv beim Bestrahlen mit ultraviolettem Licht.

BESONDERHEIT
Die häufigste Farbe der Anataskristalle ist schwarz, gefolgt von braun. Meistens sind die Kristalle steile Doppelpyramiden oder flache Tafeln. Flächenreichere Kristalle sind extrem selten.

STRICHFARBE: WEISS

MADERANERTAL/SCHWEIZ

 Brookit
Arkansit TiO$_2$

Härte 5½–6

Dichte	4,1
Farbe	Braun, grünlich bis schwärzlich; meist durchscheinend
Glanz	Diamantglanz bis Metallglanz
Spaltbarkeit	Undeutlich
Bruch	Uneben
Tenazität	Spröde
Kristallform	Orthorhombisch; dünntafelige Kristalle, längs gestreift, selten scheinbar hexagonale Dipyramiden, immer aufgewachsene Kristalle
Vorkommen	Auf alpinen Klüften, in Hohlräumen von Alkaligesteinen
Begleitmineralien	Anatas, Rutil, Quarz, Feldspat, Hämatit, Titanit, Magnetit
Ähnliche Mineralien	Hämatit hat einen roten Strich; Anatas ist immer deutlich tetragonal (vierseitig); Muskovit und Biotit sind viel weicher und elastisch biegsam.

BESONDERHEIT
Die dünntafeligen braunen Brookitkristalle aus den alpinen Klüften zeigen eine ganz typische schwarze Sanduhrzeichnung. Durch diese sind sie immer ganz leicht zu identifizieren.

VALEC/TSCHECHIEN

STRICHFARBE: WEISS

Opal
$SiO_2 \cdot n\ H_2O$ Härte 5–6½

Dichte	1,9–2,2
Farbe	Farblos, durchsichtig (Hyalit); weißlich, bläulich mit Farbenspiel (Edelopal); rot bis orange, durchscheinend (Feueropal); grün, rot, braun, gelb, undurchsichtig (gemeiner Opal)
Glanz	Wachs- bis Glasglanz
Spaltbarkeit	Keine
Bruch	Muschelig
Tenazität	Spröde
Kristallform	Amorph; derb eingewachsen, als Füllung von Drusen, nierige, kugelige, tropfenförmige Aggregate
Vorkommen	In Hohlräumen vulkanischer Gesteine, in Sedimenten, als Absatz heißer Quellen (Geysirit)
Begleitmineralien	Zeolithe, Chalcedon, Achat, Quarz, Kalkspat
Ähnliche Mineralien	Chalcedon kann ähnlich ausgebildet sein und ist dann mit einfachen Mitteln nicht zu unterscheiden.

BESONDERHEIT
Als Edelopal bezeichnet man Opale, die im Licht ein deutliches, beim Bewegen des Steines wechselndes Farbenspiel zeigen. Die schönsten Edelopale kommen aus Australien.

STRICHFARBE: WEISS

STRIEGAU/POLEN

Kalifeldspat
Sanidin, Orthoklas, Mikroklin $K[AlSi_3O_8]$ **Härte** 6

Dichte	2,53–2,56
Farbe	Farblos, weiß, gelb, braun, fleischrot, grün
Glanz	Glasglanz
Spaltbarkeit	Nach dem Basispinakoid vollkommen, nach dem seitlichen Pinakoid weniger vollkommen
Bruch	Muschelig
Tenazität	Spröde
Kristallform	Monoklin (Sanidin und Orthoklas) und triklin (Mikroklin); prismatisch, dick- und dünntafelig (Sanidin), rhomboedrisch (Adular), Zwillinge mit einspringenden Winkeln, derb in großen Massen
Vorkommen	Gesteinsbildend in Graniten, Syeniten, Trachyten, Rhyolithen, Gneisen, Arkosen, Grauwacken, Pegmatiten
Begleitmineralien	Quarz, Muskovit, Biotit, Plagioklas, Granat
Ähnliche Mineralien	Kalkspat und Baryt sind weicher.

BESONDERHEIT

In manchen Graniten bildet Kalifeldspat große dicktafelige Kristalle, die in der Grundmasse eingewachsen sind. Man nennt diese Feldspäte Einsprenglinge, das Gestein porphyrisch.

VAL BEDRETTO/SCHWEIZ

STRICHFARBE: WEISS

Plagioklas
(Na,Ca)[(Al,Si)$_2$Si$_2$O$_8$]

Härte 6–6½

Dichte	2,61–2,77
Farbe	Farblos, weiß, grünlich, rötlich, grau
Glanz	Glasglanz
Spaltbarkeit	Vollkommen, Spaltwinkel 90°
Bruch	Muschelig
Tenazität	Spröde
Kristallform	Triklin; prismatisch bis tafelig, oft Zwillinge, häufig derb
Vorkommen	In magmatischen und metamorphen Gesteinen, Pegmatiten, auf alpinen Klüften, in Erzgängen
Begleitmineralien	Kalifeldspat, Quarz, Biotit, Muskovit
Ähnliche Mineralien	Quarz hat keine Spaltbarkeit; Kalkspat, Schwerspat, Gips und Dolomit sind weicher; Kalifeldspat zeigt andere Kristallformen.

BESONDERHEIT
Plagioklase bilden eine Mischungsreihe mit den beiden Endgliedern Albit Na[AlSi$_3$O$_8$] und Anorthit Ca[Al$_2$Si$_2$O$_2$]. Die Zwischenglieder haben je nach Mischungsverhältnis unterschiedliche Namen: Oligoklas 70–90 % Albit, Andesin 50–70 % Albit, Labradorit 30–50 % Albit, Bytownit 10–30% Albit.

STRICHFARBE: WEISS

LISENS-ALPE/ÖSTERREICH

 Andalusit
Chiastolith $Al_2[O/SiO_4]$ Härte 7

Dichte	3,1–3,2
Farbe	Verschiedene Grautöne, gelblich, rötlich, grün, braun, manchmal auch mehrfarbig
Glanz	Glasglanz, aber meist getrübt
Spaltbarkeit	Meist undeutlich
Bruch	Uneben
Tenazität	Spröde
Kristallform	Orthorhombisch; dicksäulige Kristalle mit fast quadratischem Querschnitt, radialstrahlige Aggregate
Vorkommen	Eingewachsen in Gneisen und Glimmerschiefern, in Quarzknauern von metamorphen Gesteinen, in Tonschiefern und Pegmatiten
Begleitmineralien	Quarz, Feldspat, Glimmer, Korund, Sillimanit
Ähnliche Mineralien	Turmalin hat eine andere Kristallform mit drei- oder sechsseitigem Querschnitt; Hornblende, Augit und Aktinolith haben eine andere Spaltbarkeit.

BESONDERHEIT
Manche Andalusite werden Chiastolith genannt, weil sie im Querschnitt eine kreuzförmige Zeichnung zeigen, die dem griechischen Buchstaben »Chi« ähnelt.

NURISTAN/AFGHANISTAN

STRICHFARBE: WEISS

Spodumen
Kunzit, Hiddenit LiAl[Si$_2$O$_6$]   Härte 6½–7

Dichte	3,1–3,2
Farbe	Farblos, weiß, rosa und violett (Kunzit), grün (Hiddenit), gelb, braun
Glanz	Glasglanz
Spaltbarkeit	Nach dem Prisma vollkommen
Bruch	Spätig
Tenazität	Spröde
Kristallform	Monoklin; Kristalle tafelig, seltener prismatisch, strahlig, spätig, derb, ein- und aufgewachsen
Vorkommen	Strahlig, tafelig in Pegmatiten eingewachsen, trübe, in Drusen durchsichtig und schön gefärbte Kristalle aufgewachsen
Begleitmineralien	Feldspat, Quarz, Beryll, Muskovit
Ähnliche Mineralien	Feldspat hat eine andere Spaltbarkeit; Quarz hat gar keine Spaltbarkeit; rosafarbener Beryll hat eine sechsseitige Kristallform; Apatit ist weicher und hat eine ebenfalls sechsseitige Kristallform.

BESONDERHEIT
Betrachtet man rosa gefärbten Kunzit von allen Seiten, so zeigt er eine besondere Eigenschaft: den Pleochroismus. Die Farbe ändert sich stark von Rosa bis Gelb.

STRICHFARBE: WEISS

RAURIS/ÖSTERREICH

 Bertrandit
$Be_4[(OH)_2/Si_2O_7]$

Härte 6½–7

Dichte	4,2–4,3
Farbe	Farblos, weiß, gelblich; durchsichtig bis undurchsichtig trüb
Glanz	Glasglanz, auf der Basis Perlmuttglanz
Spaltbarkeit	Nach der Basis vollkommen
Bruch	Muschelig
Tenazität	Spröde
Kristallform	Orthorhombisch; Kristalle dick- bis dünntafelig, V-förmige Zwillinge, fast immer aufgewachsen
Vorkommen	In Drusen von Pegmatiten, auf alpinen Klüften, in hochtemperierten hydrothermalen Lagerstätten
Begleitmineralien	Bavenit, Milarit, Phenakit, Quarz, Albit, Adular
Ähnliche Mineralien	Albit hat eine andere Kristallform; Schwerspat und Muskovit sind viel weicher; tafelige Quarzkristalle sind manchmal von Bertrandit nicht einfach zu unterscheiden. Die V-förmigen Zwillinge von Bertrandit sind unverwechselbar.

BESONDERHEIT
Die Zwillinge von Bertrandit entstehen dadurch, dass jeweils zwei tafelige Kristalle gesetzmäßig in einem immer gleichen Winkel miteinander verwachsen sind.

BRETAGNE/FRANKREICH

STRICHFARBE: WEISS

Staurolith
$(Fe,Mg,Zn)_2Al_9[O_6/(OH)_2/(SiO_4)_4]$ Härte 7

Dichte	3,7–3,8
Farbe	Rot- bis schwarzbraun
Glanz	Glasglanz
Spaltbarkeit	Kaum sichtbar
Bruch	Muschelig
Tenazität	Spröde
Kristallform	Monoklin; prismatische bis tafelige Kristalle, oft kreuzförmige Zwillinge (rechtwinklig oder mit etwa 60° verwachsen), immer eingewachsen
Vorkommen	In Glimmerschiefern und Gneisen eingewachsen
Begleitmineralien	Quarz, Glimmer, Disthen
Ähnliche Mineralien	Turmalin zeigt immer deutlich eine trigonale Symmetrie und bildet keine kreuzförmigen Zwillinge; Disthen ist nie dunkelbraun; Granat zeigt eine deutlich kubische Kristallform; Andalusit hat im Gegensatz zu Staurolith einen fast quadratischen Querschnitt.

BESONDERHEIT
Wegen seiner kreuzförmigen Zwillinge heißt der Staurolith auch Kreuzstein. In manchen Gegenden trägt man rechtwinklige Staurolithzwillinge auch als christliches Symbol und als Amulett.

STRICHFARBE: WEISS

DIAMANTINA/BRASILIEN

  Quarz
SiO_2

Härte 7

Dichte	2,65
Farbe	Farblos oder vielfältig gefärbt (siehe Varietäten)
Glanz	Glasglanz bis Fettglanz
Spaltbarkeit	Keine
Bruch	Muschelig
Tenazität	Spröde
Kristallform	Trigonal (Tiefquarz), der über 573° C gebildete Hochquarz ist hexagonal; Kristalle meist sechsseitig, deutlich trigonale (dreiseitige) Kristalle sind bei besonders tiefen Temperaturen gebildet. Häufig Zwillingsbildungen auch mit einspringenden Winkeln. Solche Zwillinge werden Japaner-Zwillinge genannt. Kristalle können plattig verzerrt, nadelig, kurzprismatisch oder bipyramidal sein. Aggregate sind radialstrahlig (Sternquarz), stängelig oder körnig.
Vorkommen	Als Bestandteil von Tiefengesteinen (z.B. Granit), vulkanischen Gesteinen (z.B. Rhyolith, Quarzporphyr), von Sedimentgesteinen (z.B. Sandstein) und metamorphen Gesteinen (z.B. Gneis). Schöne Kristalle auf Drusen in Pegmatiten, in pneumatolytischen Gängen, in Erzgängen, in hydrothermalen

LAS VIGAS/MEXIKO

STRICHFARBE: WEISS

	Quarzgängen, auf alpinen Klüften, in Hohlräumen von Marmor, in Septarien, eingewachsen in Sedimentgesteinen
Begleitmineralien	Kalkspat, Feldspat, Erze, Turmalin, Granat und viele andere
Ähnliche Mineralien	Härte und Säurebeständigkeit unterscheiden Quarz von anderen ähnlichen Mineralien.

Varietäten:
Bergkristall: farblos, klar, durchsichtig
Rauchquarz: rauchig braun bis tiefschwarz (Morion)
Amethyst: violett
Citrin: blassgelb, gelb
Rosenquarz: rosa; selten Kristalle
Eisenkiesel: undurchsichtig rot durch Hämatit-Einschlüsse
Milchquarz: milchig weiß, getrübt durch Flüssigkeitseinschlüsse
Prasem: undurchsichtig grün durch Mineraleinschlüsse, z.B. Hedenbergit

> **BESONDERHEIT**
> Es können rechte und linke Quarzkristalle vorkommen. Sie lassen sich dadurch erkennen, dass dreieckige Flächen an den Ecken des Prismas entweder nur links oder nur rechts vorkommen.

STRICHFARBE: WEISS

ST. EGIDIEN/SACHSEN

Achat
SiO_2 Härte 7

Dichte	2,65
Farbe	Farblos oder vielfältig gefärbt, häufig gestreift oder mehrfarbig gebändert
Glanz	Glasglanz bis Fettglanz
Spaltbarkeit	Keine
Bruch	Muschelig bis uneben
Tenazität	Spröde
Kristallform	Trigonal; Achat ist mikrokristalliner Quarz und bildet keine sichtbaren Kristalle, nur nierige Aggregate, Hohlraumausfüllungen, stalaktitische Bildungen
Vorkommen	In hydrothermalen Gängen, in versteinerten Hölzern, am häufigsten in Hohlräumen vulkanischer Gesteine
Begleitmineralien	Bergkristall, Amethyst, Kalkspat, Chabasit
Ähnliche Mineralien	Form und Farbgestaltung sind unverwechselbar, ähnliche Bildungen von Kalkspat unterscheiden sich leicht durch die Härte.

BESONDERHEIT
Die verschiedenen Achate werden nach den Bildern benannt, die sie beim Durchschneiden zeigen. So gibt es Band-, Kreis- und Festungsachate, aber auch Trümmerachate oder Landschaftsachate.

SIEBENBÜRGEN/RUMÄNIEN

STRICHFARBE: WEISS

Chalcedon
SiO_2 Härte 7

Dichte	2,65
Farbe	Farblos oder vielfältig gefärbt (siehe Varietäten)
Glanz	Glasglanz bis Fettglanz
Spaltbarkeit	Keine
Bruch	Muschelig bis uneben
Tenazität	Spröde
Kristallform	Trigonal; nierige Aggregate, Ausfüllungen von Hohlräumen, stalaktitische Bildungen
Vorkommen	In hydrothermalen Gängen, Hohlräumen von vulkanischen Gesteinen, in Sedimentgesteinen
Begleitmineralien	Bergkristall, Kalkspat, Siderit, Fluorit
Ähnliche Mineralien	Fluorit und Kalkspat sind deutlich weicher.

Varietäten: Chalcedon: farblos, weiß, grau, blau, einfarbig und gestreift; **Karneol:** rot bis rotbraun durchscheinend, grün; **Chrysopras:** grün durch Einschlüsse von Nickelmineralien; **Flint, Feuerstein:** grau bis braun gefärbte Knollen

BESONDERHEIT
Flint bzw. Feuerstein diente bereits den Menschen der Steinzeit zur Herstellung von Werkzeugen, wie Messer, Sicheln, Pfeil- und Speerspitzen.

SERIFOS/GRIECHENLAND

Granat

Härte 7

Die Granate sind eine Familie von Mineralien mit ähnlicher chemischer Formel und gleicher Kristallform:
Almandin $Fe_3Al_2[SiO_4]_3$
Pyrop $Mg_3Al_2[SiO_4]$
Spessartin $Mn_3Al_2[SiO_4]_3$
Grossular $Ca_3Al_2[SiO_4]_3$
Andradit $Ca_3Fe_2[SiO_4]_3$
Uwarowit $Ca_3Cr_2[SiO_4]_3$

Dichte	3,40–4,19
Farbe	Farblos, weiß, gelb, braun, rot, violett, grün
Glanz	Glasglanz
Spaltbarkeit	Keine
Bruch	Muschelig bis uneben
Tenazität	Spröde
Kristallform	Kubisch; Rhombendodekaeder, Deltoidikositetraeder, extrem selten Oktaeder, auf- und eingewachsen, körnig, derb
Vorkommen	Eingewachsen in Gneisen und Glimmerschiefern (Almandin), in Pegmatiten und magmatischen Gesteinen ein- und aufgewachsen (Almandin und

SERIFOS/GRIECHENLAND

STRICHFARBE: WEISS

Spessartin), in Peridotiten und Serpentinen eingewachsen (Pyrop), in Kalken und Kalksilikatgesteinen ein- und aufgewachen (Grossular), in Skarngesteinen (Andradit), in Chromlagerstätten (Uwarowit), abgerollte Granate auch in Seifenlagerstätten. Schöne Almandine werden in den Zillertaler Alpen gefunden, die besten Spessartine stammen aus pakistanischen und chinesischen Pegmatiten. Pyrop wurde früher besonders aus Seifen in Tschechien (böhmische Granaten) gewonnen. Hervorragende Andradite kommen von der griechischen Insel Serifos, die besten Grossulare von Asbestos in Kanada. Die größten Uwarowitkristalle wurden in Finnland gefunden.

Begleitmineralien Quarz, Feldspat, Muskovit
Ähnliche Mineralien Vesuvian und Turmalin haben keine kubische Kristallform wie die Granate.

> **BESONDERHEIT**
> Granate bilden oft Mischkristalle, die man dann Pyralspite (Pyrop-Almandin-Spessartin) oder Ugrandite (Uwarowit- Grossular-Andradit) nennt.

STRICHFARBE: WEISS

MINAS GERAIS/BRASILIEN

 Turmalin

Härte 7

Die Turmaline sind eine Gruppe von Mischkristallen mit den folgenden wichtigsten Mischgliedern:
Elbait $Na(Li,Al)_3Al_6[OH]_4/(BO_3)_3/Si_6O_{18}]$
Dravit $NaMg_3(Al,Fe^{3+})Al_6[OH]_4/(BO_3)_3/Si_6O_{18}]$
Schörl $NaFe_3^{2+}(Al,Fe^{3+})_6[OH]_4/(BO_3)_3/Si_6O_{18}]$
Buergerit $NaFe_3^{3+}Al_6[F/O_3/(BO_3)_3/Si_6O_{18}]$
Tsilaisit $NaMn_3Al_6[OH]_4/(BO_3)_3/Si_6O_{18}]$
Uvit $CaMg_3(Al_5Mg)[OH]_4/(BO_3)_3/Si_6O_{18}]$
Liddicoatit $Ca(Li,Al)_3Al_6[OH]_4/(BO_3)_3/Si_6O_{18}]$

Dichte	3,0–3,25
Farbe	Farblos, rosa (Rubellit), grün (Verdelith), blau (Indigolith), gelb, braun, schwarz; durchsichtig bis undurchsichtig
Glanz	Glasglanz
Spaltbarkeit	Keine
Bruch	Muschelig
Tenazität	Spröde
Kristallform	Trigonal; Kristalle prismatisch bis nadelig, meist mit dreiseitigem Querschnitt, ein- und aufgewachsen, strahlig, stängelig, derb
Vorkommen	In Graniten, Pegmatiten, pneumatolytischen Gän-

SKARDU/PAKISTAN

STRICHFARBE: WEISS

gen, hydrothermalen Gängen ein- und aufgewachsen, aufgewachsene Kristalle von Edelsteinqualität in Drusen von Pegmatiten, eingewachsen in Glimmerschiefern und Gneisen, aufgewachsen auf alpinen Klüften. Bei den bunten, auch als Edelsteine gewonnenen Turmalinen handelt es sich hauptsächlich um Elbaite, seltener Dravite oder Liddicoatite. Haupt-Lieferland für Edelstein-Turmaline ist Brasilien, wo Rubellite bis einen Meter Größe gefunden wurden. Besonders schöne Stufen mit schwarzem Schörl auf weißem Albit stammen aus Pakistan, große Dravite wurden in Australien gefunden. In Deutschland wurden besonders schöne Turmaline im Bayerischen Wald gefunden.

Begleitmineralien	Quarz, Feldspat, Beryll, Glimmer
Ähnliche Mineralien	Der meist deutlich dreiseitige Querschnitt unterscheidet Turmalin von allen anderen Mineralien.

BESONDERHEIT
Reibt man einen Turmalinkristall fest, lädt er sich an seinen beiden Enden unterschiedlich elektrisch auf und kann Papierfetzchen anziehen. Die Holländer benutzten ihn zum Reinigen ihrer Pfeifen.

STRICHFARBE: WEISS

SEBERGET/ÄGYPTEN

Olivin
Peridot (Mg,Fe)$_2$[SiO$_4$]   Härte 7

	Olivine sind Mischkristalle mit den beiden Endgliedern Forsterit Mg$_2$[SiO$_4$] und Fayalit Fe$_2$[SiO$_4$].
Dichte	3,27–4,20
Farbe	Gelblich grün bis flaschengrün, rot, bräunlich
Glanz	Glasglanz, etwas fettig
Spaltbarkeit	Kaum erkennbar
Bruch	Muschelig
Tenazität	Spröde
Kristallform	Orthorhombisch; aufgewachsene Kristalle sind dicktafelig bis prismatisch, oft körnig, derb
Vorkommen	Gesteinsbildend eingewachsen in Gabbros, Diabasen, Basalten, Peridotiten; bildet monomineralisch das Gestein Dunit, aufgewachsene Kristalle auf Klüften der genannten Gesteine, Kristalle und Körner in kristallinen Kalken, in Meteoriten
Begleitmineralien	Spinell, Diopsid, Augit, Hornblende
Ähnliche Mineralien	Apatit ist weicher, ebenso Serpentin.

BESONDERHEIT
Berühmt sind die so genannten Olivinbomben vom Dreiser Weiher in der Eifel. Dabei handelt es sich um vulkanische Auswürflinge, die fast vollständig aus Olivin bestehen.

GILGIT/PAKISTAN

STRICHFARBE: WEISS

Zirkon
Zr[SiO$_4$]

Härte 7½

Dichte	4,55–4,67
Farbe	Farblos, weiß, rosa, gelb, grün, blau, braun, braunrot
Glanz	Diamantartiger Glanz, auf Bruchflächen Fettglanz
Spaltbarkeit	Kaum bemerkbar
Bruch	Muschelig
Tenazität	Spröde
Kristallform	Tetragonal; prismatische bis bipyramidale Kristalle, aufgewachsen, häufiger eingewachsen, praktisch nie derb, immer in Kristallen
Vorkommen	In Graniten, Syeniten, Rhyolithen, Trachyten, vulkanischen Auswürflingen, in Seifen, Pegmatiten, auf alpinen Klüften. Besonders schöne rosafarbene Zirkonkristalle findet man in vulkanischen Auswürflingen des Laacher Sees in der Eifel.
Begleitmineralien	Xenotim, Monazit
Ähnliche Mineralien	Vesuvian ist weicher; Zinnstein ist schwerer.

BESONDERHEIT
Manche Zirkone können geringe Mengen an Uran oder Thorium enthalten. Sie werden dadurch dunkelgrün oder dunkelbraun, ihr Kristallgitter ist zerstört. Solche Minerale nennt man metamikt.

NAGAR/PAKISTAN

  Beryll
$Al_2Be_3[Si_6O_{18}]$ Härte $7\frac{1}{2}$–8

Dichte	2,63–2,80
Farbe	Farblos, gelb (Goldberyll, Heliodor), rosa (Morganit), intensiv rosarot (der Cäsiumberyll Pezzottait), rot, blau (Aquamarin), grün (Smaragd)
Glanz	Glasglanz
Spaltbarkeit	Nach der Basis manchmal erkennbar
Bruch	Muschelig bis uneben
Tenazität	Spröde
Kristallform	Hexagonal; Kristalle prismatisch bis tafelig, selten flächenreicher, eingewachsen (trübe) und aufgewachsen (durchsichtig), zum Teil Riesenkristalle bis mehrere Meter Größe und mehrere Tonnen Gewicht
Vorkommen	In Pegmatiten eingewachsen (gemeiner Beryll und Aquamarin), in Drusen von Pegmatiten aufgewachsen (Morganit, Pezzottait, Aquamarin, Goldberyll), in Glimmerschiefern und hydrothermalen Kalkspatgängen (Smaragd). Die besten europäischen Smaragde stammen aus der berühmten Lagerstätte der Leckbachscharte im Habachtal in den Hohen Tauern, Österreich. Dort sind die Kristalle in Glimmerschiefer eingewachsen. Berühmt sind auch die

MUZO/KOLUMBIEN

STRICHFARBE: WEISS

Smaragde aus den Lagerstätten im Ural, an der Takowaja, wo große Kristalle im Glimmerschiefer zusammen mit Alexandrit und Phenakit vorkommen. Die schönsten Morganitkristalle (Tafeln bis 20 cm) kommen aus Brasilien, während Pezzottait fast nur in Pegmatiten auf der Insel Madagaskar gefunden wird.

Begleitmineralien Feldspat, Quarz, Kalkspat, Pyrit, Muskovit, Biotit, Phenakit

Ähnliche Mineralien Apatit ist viel weicher; Quarz bildet kaum eingewachsene Kristalle und ist nie blau oder grün, sonst ist die Ausbildung sechsseitiger Kristalle sehr charakteristisch; Dioptas hat immer dreiseitige Endflächen und ist deutlich weicher; Topas hat eine hervorragende Spaltbarkeit und deutlich orthorhombische Kristalle.

BESONDERHEIT
Die auch heute noch besten und berühmtesten Smaragde stammen aus den kolumbianischen Smaragdgruben, die schon von den Inkas abgebaut wurden.

STRICHFARBE: WEISS

MIAMI/SAMBIA

 Euklas
AlBe[OH/SiO$_4$]

Härte 7–8

Dichte	3,0–3,1
Farbe	Farblos, hellgrün, blau, braun
Glanz	Glasglanz
Spaltbarkeit	Nach dem Prisma sehr vollkommen
Bruch	Muschelig
Tenazität	Spröde
Kristallform	Monoklin; Kristalle prismatisch bis tafelig, in der Längsrichtung meist stark gestreift, praktisch nur aufgewachsene Kristalle, sehr selten derb
Vorkommen	In Drusen von Pegmatiten, auf alpinen Klüften, immer aufgewachsene Kristalle
Begleitmineralien	Bertrandit, Quarz, Topas, Mikroklin, Periklin, Muskovit, Anatas, Rutil
Ähnliche Mineralien	Quarzkristalle sind im Gegensatz zum längs gestreiften Euklas immer quer gestreift, sie haben auch keine Spaltbarkeit; Abit hat eine andere Kristallform.

BESONDERHEIT
Intensiv blauer Euklas wurde bisher nur an einer einzigen Fundstelle entdeckt: Aus einem Pegmatit im afrikanischen Staat Sambia stammen schöne aufgewachsene Kristalle in Drusen.

HUNZATAL/PAKISTAN

STRICHFARBE: WEISS

Spinell
MgAl$_2$O$_4$

Härte 8

Dichte	3,6
Farbe	Rot, violett, blau, schwarz, gelb, farblos
Glanz	Glasglanz
Spaltbarkeit	Kaum erkennbar
Bruch	Muschelig
Tenazität	Spröde
Kristallform	Kubisch; hauptsächlich Oktaeder, eingewachsen, abgerollt
Vorkommen	Eingewachsen in metamorphen Gesteinen, besonders in Marmoren und Kalksilikatgesteinen und in Seifen. In Deutschland findet man in Marmor eingewachsene violette Spinellkristalle besonders im Graphitgebiet von Kropfmühl im Bayerischen Wald.
Begleitmineralien	Graphit, Olivin, Kalkspat, Diopsid
Ähnliche Mineralien	Korund hat eine andere Kristallform.

BESONDERHEIT
Je nach Zusammensetzung ändert der Spinell seine Farbe. Eisengehalte machen ihn violett bis schwarz, Zinkgehalte grünlich, der reine Magnesiumspinell ist farblos bis rot.

STRICHFARBE: WEISS

SPITZKOPJE/NAMIBIA

 Phenakit
$Be_2[SiO_4]$ Härte 8

Dichte	3,0
Farbe	Farblos, gelblich, rosa, weiß
Glanz	Glasglanz
Spaltbarkeit	Keine
Bruch	Muschelig
Tenazität	Spröde
Kristallform	Trigonal; Kristalle prismatisch bis tafelig, linsenförmig, Prismen senkrecht gestreift, ein- und aufgewachsen, häufig Zwillinge
Vorkommen	In Glimmerschiefern zusammen mit Smaragd eingewachsen, in Drusen und auf Klüften von Pegmatiten und Graniten, auf alpinen Klüften
Begleitmineralien	Smaragd, Bertrandit, Chrysoberyll, Apatit
Ähnliche Mineralien	Quarz ist etwas weicher und auf den Prismen immer quer gestreift; Apatit ist weicher; Beryll ist nicht trigonal, sondern hexagonal.

BESONDERHEIT
Phenakit bildet häufig Zwillinge, bei denen die Kristalle so verwachsen sind, dass auf den Flächen des einen Kristalls die Ecken des anderen herausstehen. Man nennt sie auch Fräserkopf-Zwillinge.

ORISSA/INDIEN

STRICHFARBE: WEISS

Chrysoberyll
Alexandrit Al_2BeO_4 Härte 8

Dichte	3,7
Farbe	Gelb, grün (Alexandrit)
Glanz	Glasglanz
Spaltbarkeit	Nach der Basis erkennbar
Bruch	Muschelig
Tenazität	Spröde
Kristallform	Orthorhombisch; Kristalle prismatisch bis dicktafelig, herzförmige bis V-förmige Zwillinge, Drillinge ähneln hexagonalen Dipyramiden, ein- und aufgewachsen
Vorkommen	In Pegmatiten und Glimmerschiefern, ein- und aufgewachsen, selten derb, fast immer Kristalle
Begleitmineralien	Smaragd, Feldspat, Glimmer, Phenakit
Ähnliche Mineralien	Die hohe Härte von Chrysoberyll lässt kaum eine Verwechslung zu; Topas hat eine sehr gute Spaltbarkeit; Beryll hat eine hexagonale Kristallform; Quarz ist weicher und hat eine andere Kristallform.

BESONDERHEIT
Alexandrit ist farbwechselnd, seine bei Tageslicht grüne Farbe wechselt im Glühlampenlicht zu Rot. Alexandrit wurde zu Ehren des russischen Zaren Alexander benannt.

STRICHFARBE: WEISS

THOMAS RANGE/USA

  Topas
$Al_2[F_2/SiO_4]$

Härte 8

Dichte	3,5–3,6
Farbe	Farblos, weiß, gelb, blau, grün, rot, rosa, braun
Glanz	Glasglanz
Spaltbarkeit	Vollkommen nach der Basis
Bruch	Muschelig
Tenazität	Spröde
Kristallform	Orthorhombisch; Kristalle kurz- oder langsäulig, auf- und eingewachsen, derb, strahlig
Vorkommen	In Pegmatiten ein- und aufgewachsene Kristalle, in pneumatolytischen Bildungen aufgewachsen und in strahligen Aggregaten, abgerollt auf Seifen
Begleitmineralien	Zinnstein, Fluorit, Turmalin, Quarz, Feldspat, Glimmer, Beryll
Ähnliche Mineralien	Quarz ist leichter und hat keine Spaltbarkeit; Fluorit ist viel weicher; Beryll hat eine ganz andere Kristallform und keine so gute Spaltbarkeit.

BESONDERHEIT

Gelber strahliger Topas aus pneumatolytischen Lagerstätten wird auch Pyknit genannt. Am berühmtesten ist der Pyknit von Altenberg im sächsischen Erzgebirge.

RATNAPURA/SRI LANKA

STRICHFARBE: WEISS

Korund
Al_2O_3

Härte 9

Dichte	3,9–4,1
Farbe	Viele Farbvarietäten, von denen manche eigene Namen haben, zum Beispiel blau (Saphir), rot (Rubin), gelb, orange, grün, violett, weiß
Glanz	Glasglanz
Spaltbarkeit	Schlecht, manchmal Absonderung nach der Basis
Bruch	Muschelig
Tenazität	Spröde
Kristallform	Trigonal; Kristalle prismatisch, bipyramidal, tafelig, oft tönnchenförmig, spindelförmig, derb
Vorkommen	Eingewachsen in Pegmatiten, Peridotiten, Amphiboliten, Gneisen, Marmoren, aufgewachsene Kristalle in vulkanischen Auswürflingen, abgerollt in Seifen
Begleitmineralien	Spinell, Magnetit, Kalkspat, Biotit, Quarz
Ähnliche Mineralien	Härte, Dichte und Kristallform unterscheiden Korund von allen anderen Mineralien.

BESONDERHEIT
Dichte Gesteine, die fast nur aus Korund bestehen, werden wegen dessen hoher Härte gern als Schleifmaterial verwendet. Man kennt diese Gesteine unter dem Namen Smirgel oder Schmirgel.

STRICHFARBE: WEISS

KIMBERLEY/SÜDAFRIKA

Diamant
C

Härte 10

Dichte	3,52
Farbe	Farblos, weiß, gelb, braun, rötlich, grünlich, blau, grau, schwarz
Glanz	Diamantglanz
Spaltbarkeit	Nach dem Oktaeder vollkommen
Bruch	Muschelig
Tenazität	Spröde
Kristallform	Kubisch; am häufigsten Oktaeder, Rhombendodekaeder, seltener Würfel, radialstrahlige Aggregate (Bort), Kristalle immer eingewachsen
Vorkommen	In basischen vulkanischen Gesteinen, insbesondere Kimberliten, die so genannte Pipes bilden, in Eklogiten, herausgewittert in Seifen, wieder verfestigt in Konglomeraten und metamorphen Schiefern
Begleitmineralien	Pyrop, Olivin, Phlogopit
Ähnliche Mineralien	Die hohe Härte unterscheidet Diamant von allen anderen Mineralien.

BESONDERHEIT
Die hohe Härte macht Diamant zur idealen Substanz für alle Schleif-, Bohr- und Schneidvorgänge. Die hierfür verwendeten Kristalle (der größte Teil der Förderung) nennt man Industriediamanten.

Diamant
C
Härte 10

Farbe	Farblos, weiß, gelb, grün, blau, rot, rosa, braun, schwarz; durchsichtig bis undurchsichtig
Glanz	Diamantglanz
Schliffform	Diamant wird immer im Facettenschliff verarbeitet, weil dann seine hohe Lichtbrechung gut zur Geltung kommt. Die klassische Form des Diamantschliffs heißt Brillantschliff. Oft werden so geschliffene Diamanten auch nur einfach Brillanten genannt, obwohl diese Schliffart auch bei vielen anderen Edelsteinen verwendet wird.
Verwendung	Diamanten werden zu hochwertigem Schmuck verarbeitet, kleine Diamanten dienen oft auch dazu, einen Hauptstein einer anderen Edelsteinart, z. B. Smaragd, Saphir, Rubin, zu umkränzen.
Behandlung	Diamant ist zwar sehr hart, trotzdem aber sehr stoßempfindlich und kann relativ leicht absplittern oder springen.

BESONDERHEIT
Der Brillantschliff wurde eigens für den Diamanten entwickelt, weil durch ihn das lebhafte Funkeln und Leuchten des Steins – sein »Feuer« – besonders hervorgehoben wird.

Rubin
Al_2O_3 Härte 9

Farbe	Rot, rosa
Glanz	Glasglanz
Schliffform	Facettenschliff. Exemplare, die wegen zahlreicher Einschlüsse nur durchscheinend sind, und v. a. die Sternsteine werden als Cabochons geschliffen.
Verwendung	Rubin wird als facettierter Stein oder Cabochon hauptsächlich als Ringstein oder für Anhänger verwendet, meist als Zentralstein.
Unterscheidungsmöglichkeiten	Die entsprechend gefärbten Gläser sind viel weicher. Synthetischer Sternrubin zeigt einen viel schärferen Stern als natürliche Steine und hat eine viel zu einheitliche, undurchsichtige Grundmasse. Spinell ist weicher, aber mit einfachen Mitteln nur schwer zu unterscheiden. Bei Rohsteinen ist die jeweilige Kristallform charakteristisch. Granat ist deutlich weicher und weist meist einen anderen Rotton als der Rubin auf.

BESONDERHEIT
Sternrubine zeigen ihren sechsstrahligen Stern am allerbesten im Sonnenlicht, bei künstlichem Licht, wie Glühlampen oder Leuchtstoffröhren, ist er nur schlecht zu erkennen.

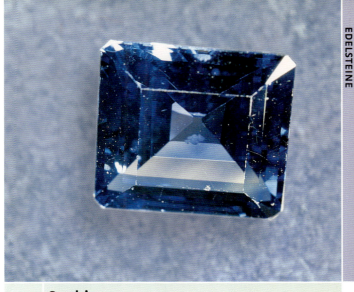

Saphir
Al_2O_3

Härte 9

Farbe	Weiß, blau, orange (Padparadscha), gelb, braun, farblos; durchsichtig
Glanz	Glasglanz
Schliffform	Facettenschliff. Exemplare, die wegen zahlreicher Einschlüsse nur durchscheinend sind, und v.a. die Sternsteine, werden als Cabochons geschliffen.
Verwendung	Saphir wird als facettierter Stein oder Cabochon hauptsächlich als Ringstein oder für Anhänger verwendet, meist als Zentralstein.
Behandlung	Viele der heute auf dem Markt befindlichen Saphire haben ihre schöne blaue Farbe erst durch Brennen bei hohen Temperaturen erhalten.
Unterscheidungsmöglichkeiten	Die entsprechend gefärbten Gläser sind viel weicher. Synthetischer Sternrubin zeigt einen viel schärferen Stern als natürliche Steine; Zirkon hat eine sehr viel höhere Doppelbrechung als farbloser Saphir.

BESONDERHEIT
Im Gegensatz zum roten Rubin werden alle geschliffenen Korunde, die eine andere Farbe zeigen, als Saphir bezeichnet. Nur der orangegelbe Padparadscha hat noch einen eigenen Namen.

Smaragd
$Al_2Be_3[Si_6O_{18}]$ Härte 7½–8

Farbe	Smaragdgrün; durchsichtig
Glanz	Glasglanz
Schliffform	Facettenschliff, wegen der länglichen Form der Rohsteine oft Treppenschliff, durchscheinende Steine mit vielen Einschlüssen auch als Cabochon
Verwendung	Meist als Zentralstein in Ringen und Anhängern
Behandlung	Smaragde werden zur Farbverbesserung oft geölt. Manchmal gibt es auch Smaragd-Dubletten, deren Oberteil aus farblosem Beryll besteht, der mit einem intensiv grünen Kleber auf das Unterteil, z.B. Bergkristall, geklebt ist, sodass die Dublette smaragdgrün erscheint.
Unterscheidungsmöglichkeiten	Dubletten erkennt man beim Betrachten von der Seite an der Trennschicht. Die Farbe des Smaragds ist sehr charakteristisch.

BESONDERHEIT
Es gibt praktisch keine Smaragde ohne Einschlüsse, im Gegenteil, solche Einschlüsse, die man beim Smaragd »Jardin«, das heißt Garten, nennt, werden geradezu als Echtheitsbeweis betrachtet.

Aquamarin
$Al_2Be_3[Si_6O_{18}]$ Härte $7\frac{1}{2}-8$

Farbe	Hell- bis dunkelblau; durchsichtig
Glanz	Glasglanz
Schliffform	Facettenschliff, wegen der länglichen Form der Rohsteine oft Treppenschliff, durchscheinende Steine mit vielen Einschlüssen auch als Cabochon
Verwendung	Meist als Zentralstein in Ringen und Anhängern, als Kugeln oder Barocksteine auch für Steinketten
Behandlung	Schlecht gefärbte Aquamarine erhalten durch Erhitzen auf etwa 400° C eine optimale blaue Farbe, selbst gelbliche oder grünliche Kristalle können so in hervorragende Aquamarine verwandelt werden.
Unterscheidungsmöglichkeiten	Synthetischer aquamarinfarbener Spinell fluoresziert intensiv bei Bestrahlung mit UV-Licht; blauer Zirkon hat eine hohe Doppelbrechung; blauer Topas ist mit einfachen Mitteln kaum zu unterscheiden, hat aber eine deutlich höhere Dichte; Glas ist deutlich weicher.

> **BESONDERHEIT**
> Aquamarin erhielt seinen Namen nach der lateinischen Bezeichnung für das Meerwasser (aqua: Wasser, mare: Meer), weil er diesem in seiner schönen, meist hellblauen Farbe so ähnelt.

Topas
$Al_2[F_2/SiO_4]$ Härte 8

Farbe	Farblos, gelb, braun, blau, rosa, rot; durchsichtig
Glanz	Glasglanz
Schliffform	Facettenschliff
Verwendung	Facettierte Steine als Zentralstein in Ringen, Broschen etc.; Kugeln und Barocksteine für Ketten
Behandlung	Farblosem Topas wird oft durch Bestrahlung und nachfolgendes Brennen die begehrte blaue Farbe verliehen. Solche Steine sind sehr viel weniger wert als die von Natur aus blauen und verblassen oft auch mit der Zeit. Sie müssen im Handel immer gekennzeichnet sein.
Unterscheidungsmöglichkeiten	Gebrannter Amethyst und natürlicher Citrin sind weicher als brauner bis gelber Topas und haben keine Spaltbarkeit; Aquamarin ist von blauem Topas mit einfachen Mitteln kaum zu unterscheiden; blauer Zirkon zeigt eine hohe Doppelbrechung; Glas ist viel weicher.

BESONDERHEIT
Lange war der gelbe Topas vom Schneckenstein im Vogtland sehr berühmt. Im grünen Gewölbe in Dresden befindet sich eine Schmuckgarnitur mit ausgewählt schönen Schneckensteiner Topasen.

Peridot
Chrysolith (Mg,Fe)$_2$[SiO$_4$]   Härte 6½

Farbe	Intensiv grün mit einem deutlichen Stich ins Gelbgrün; durchsichtig
Glanz	Glasglanz, etwas fettig
Schliffform	Facettenschliff
Verwendung	Facettierte Steine als Zentralsteine in wertvollem Schmuck; Barocksteine oder Kugeln werden zu Ketten verarbeitet
Besonderheit	Peridot hat eine besonders hohe Doppelbrechung. Wenn man bei geschliffenen Steinen durch die polierte Tafel hindurch die hinteren Facettenkanten betrachtet, so sieht man diese doppelt.
Unterscheidungsmöglichkeiten	Chrysoberyll ist immer deutlich gelber, er hat keine hohe Doppelbrechung; synthetischer peridotfarbener Korund und Spinell sowie Glas haben ebenfalls keine hohe Doppelbrechung.

BESONDERHEIT
Die Fundstelle der schönsten Peridote war bereits in der Antike bekannt. Es handelt sich um die Insel Zebirget im Roten Meer. Schon die Römer liebten diesen Edelstein, nannten ihn aber »topazios«.

Turmalin
Na(Li,Al)$_3$Al$_6$[(OH)$_4$/(BO$_3$)$_3$/Si$_6$O$_{18}$] Härte 7

	Die Turmaline sind eine Gruppe von Mischkristallen. Aber fast nur der Elbait wird in seinen verschiedenen Farbvarietäten für Schmuck verwendet.
Farbe	Farblos, rosa, rot, grün, blau, schwarz, braun; durchsichtig bis durchscheinend
Glanz	Glasglanz
Schliffform	Facettenschliff, oft Treppenschliff, Cabochonschliff
Verwendung	Als Zentralstein in wertvollem Schmuck; verschiedenfarbige Steine zu Multicolor-Ketten. Turmalin wird auch zur Herstellung kunsthandwerklicher Gegenstände, v.a. von Skulpturen, verwendet.
Unterscheidungsmöglichkeiten	Rubellit ist weicher als rosa Topas und weist nicht dessen Spaltbarkeit auf; grünes Glas hat im Gegensatz zum Verdelith immer Luftblasen, während Peridot mehr gelbgrün ist; Smaragd ist härter und zeigt immer das typische Smaragdgrün, das beim Verdelith so nicht auftritt.

BESONDERHEIT
Manche Turmalinkristalle sind außen grün und innen rot gefärbt. Schneidet man sie durch, erhält man rote Scheiben mit einem grünen Rand. Solche Steine nennt man Wassermelonensteine.

Opal
$SiO_2 + n\ H_2O$ Härte 5–6½

Farbe	Farblos, weiß, rot (Feueropal), braun, schwarz, oft mit buntem Farbenspiel; durchsichtig bis undurchsichtig
Glanz	Glasglanz
Schliffform	Cabochonschliff, oft mit freier Formgebung, um den wertvollen Edelopal optimal zu präsentieren, durchsichtiger Feueropal auch facettiert
Verwendung	Wegen seines hohen Werts und seiner Empfindlichkeit meist als Zentralstein in Broschen und Anhängern, Dubletten oder Tripletten auch für Ringe
Behandlung	Aus kleinen Stücken werden dünne Plättchen geschliffen, die mit einer Lage anderen, meist dunklen Materials unterlegt werden. So hergestellte Steine nennt man Dubletten. Sie sind wesentlich weniger wertvoll als reiner Opal.
Unterscheidungsmöglichkeiten	Edelopale sind durch ihr Farbenspiel unverwechselbar. Rhodochrosit ist weicher als Feueropal.

BESONDERHEIT
Opal ist sehr empfindlich gegen Hitze und mechanische Beanspruchung. Er sollte nie mit Öl oder scharfen Reinigungsmitteln in Berührung kommen und nie länger in direkter Sonne liegen.

Lapis-Lazuli
$Na_8[S/(AlSiO_4)_6]$ Härte 5–6

Farbe	Blau, oft mit weißen (Kalkspat) und goldfarbenen (Pyrit) Einschlüssen; undurchsichtig
Glanz	Glasglanz
Schliffform	Cabochonschliff, Kugeln
Verwendung	Cabochons als Ringsteine und für Broschen und Anhänger, Kugeln für Steinketten. Daneben werden oft auch kunsthandwerkliche Gegenstände aus Lapis-Lazuli hergestellt.
Behandlung	Nicht schön blauer Lapis-Lazuli wird gern durch Einlegen in Farblösungen gefärbt. Dies lässt sich aber durch Abreiben mit Alkohol oder Aceton leicht feststellen, gefärbte Steine färben dabei den Wattebausch blau.
Unterscheidungsmöglichkeiten	Die praktisch immer vorhandenen Einschlüsse von Pyrit und Kalkspat sind sehr charakteristisch, sie fehlen gefärbten anderen Steinen immer.

BESONDERHEIT
Blau gefärbter Jaspis wurde früher als Deutscher Lapis verkauft und ganz besonders auch zur Herstellung kunstgewerblicher Gegenstände verwendet.

Chrysoberyll
Alexandrit BeAl$_2$O$_4$ Härte 8½

Farbe	Gelb, braun, grün; durchsichtig bis durchscheinend. Alexandrit ist farbwechselnd, er erscheint im Sonnenlicht grün, im Glühlampenlicht rot.
Glanz	Glasglanz
Schliffform	Facettenchliff für Chrysoberyll und Alexandrit, Cabochonschliff für Chrysoberyllkatzenauge
Verwendung	Als Zentralstein in wertvollem Schmuck; gute Alexandrite mit gutem Farbwechsel sind extrem selten.
Unterscheidungsmöglichkeiten	Chrysoberyll: Gelber Saphir ist meist intensiver und reiner gelb; Zirkon hat eine starke Doppelbrechung; synthetischer Spinell fluoresziert stark grün; Topas ist reiner gelb; Glas und gelber Orthoklas sind viel weicher. Alexandrit: Synthetischer farbwechselnder Korund und synthetischer Alexandrit zeigen einen viel reineren Farbwechsel als natürliche Steine.

BESONDERHEIT
Der eigentliche Chrysoberyll, der in schönen goldgelben, facettierten Steinen erhältlich ist, hat sich nie so recht in der Schmuckbranche durchgesetzt.

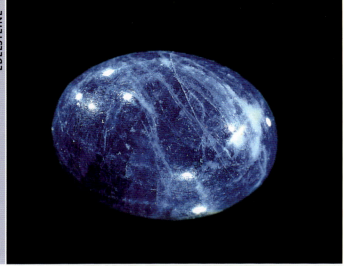

Sodalith
$Na_8[Cl_2/(AlSiO_4)_6]$ Härte 5–6

Farbe	Farblos, weiß, grau, dunkelblau, mit Stich ins Violette; undurchsichtig
Glanz	Glasglanz; an Bruchstellen fettglänzend
Schliffform	Cabochonschliff, Kugeln, Barockperlen
Verwendung	Cabochons werden als Ringsteine oder für Broschen und Anhänger verarbeitet, aus Barocksteinen und Kugeln werden Ketten hergestellt. Daneben werden aus Sodalith auch kunsthandwerkliche Gegenstände wie Figuren, Aschenbecher, Intarsien, Dosen, etc. hergestellt. Gesteine mit reichlichen Sodalithgehalten, z.B. aus Brasilien, werden als Dekorationssteine in der Architektur verwendet.
Unterscheidungsmöglichkeiten	Lapis-Lazuli ist mehr tintenblau und zeigt fast immer goldgelbe Pyrit-Einsprenglinge, die dem Sodalith fehlen; Azurit ist deutlich weicher und braust beim Betupfen mit verdünnter Salzsäure auf.

BESONDERHEIT
Der Name des Sodaliths kommt von seinem hohen Natriumgehalt (englisch »sodium« heißt Natrium). Mineralogisch ist er mit dem im Aussehen sehr ähnlichen Lapis-Lazuli nahe verwandt.

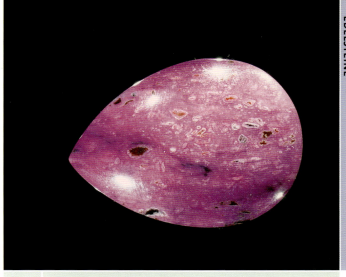

Sugilith
$(K,Na)(Na,Fe)_2(Li_2Fe)[Si_{12}O_{30}]$ Härte 6–7

Farbe	Hell- bis dunkelviolett
Glanz	Glasglanz bis matt
Schliffform	Cabochonschliff, Kugeln, Barocksteine
Verwendung	Cabochons werden als Ringsteine oder für Broschen und Anhänger verarbeitet, aus Barocksteinen und Kugeln werden Ketten hergestellt, größere unregelmäßig geschliffene Steine dienen als Handschmeichler. Daneben werden aus Sugilith auch kunsthandwerkliche Gegenstände, wie Figuren, Aschenbecher, Intarsien, Dosen, etc., hergestellt.
Unterscheidungsmöglichkeiten	Der seltene Charoit aus Sibirien ist immer deutlich, auch mit bloßem Auge sichtbar, faserig und nicht körnig wie der Sugilith; er ist auch meist deutlicher blauviolett. Ansonsten ist die Farbe des Sugiliths außerordentlich typisch und unverwechselbar.

BESONDERHEIT
Sugilith ist ein sehr neuer Schmuckstein. Vor der Entdeckung der südafrikanischen Vorkommen gab es absolut kein verarbeitbares Material dieses Minerals.

Amethyst
SiO$_2$ Härte 7

Farbe	Hell- bis dunkelviolett, zweifarbig violett und braungelb (Ametrin)
Glanz	Glasglanz
Schliffform	Facettenschliff, unreines Material auch Cabochonschliff, Kugeln, Barocksteine
Verwendung	Facettierte Steine und Cabochons werden als Ringsteine oder für Broschen und Anhänger verarbeitet, aus Barocksteinen und Kugeln werden Ketten hergestellt. Daneben werden aus Amethyst auch kunsthandwerkliche Gegenstände hergestellt.
Behandlung	Amethyst wird oft bei höheren Temperaturen gebrannt. Dann verliert er seine violette Farbe und wird braungelb. Solche Steine werden fälschlicherweise als Citrin oder Topas verkauft.
Unterscheidungsmöglichkeiten	Amethyst ist wegen seiner typischen Farbe kaum verwechselbar.

BESONDERHEIT
Amethyst war bereits bei den alten Griechen als Ringstein und für Gemmen sehr beliebt. Man sagte ihm nach, er würde seinen Träger vor Trunkenheit schützen.

Achat
SiO$_2$ Härte 7

Farbe	Weiß, grau, gelb, braun, rot, schwarz, gebändert; undurchsichtig
Glanz	Glasglanz
Schliffform	Cabochonschliff, Tafelschliff, Kugeln, Barocksteine
Verwendung	Cabochons und Tafelschliffsteine werden als Ringsteine und für Broschen und Anhänger verwendet, aus Barocksteinen und Kugeln werden Ketten hergestellt, größere unregelmäßig geschliffene Steine dienen als Handschmeichler. Daneben werden aus Achat auch kunsthandwerkliche Gegenstände hergestellt.
Behandlung	Achate werden oft künstlich gefärbt. Besonders beliebt sind Farben, die bei natürlichem Achat nicht auftreten: Rosaviolett, Blau und intensives Grün.
Unterscheidungsmöglichkeiten	Die verschiedenen Farbzeichnungen des Achats sind unverwechselbar.

BESONDERHEIT
Achate, auf denen sich beim glatten Tafelschliff landschaftsartige Zeichnungen in gelben und roten Farben zeigen, nennt man Landschaftsachate.

Chalcedon
SiO$_2$ Härte 7

Farbe	Weiß, grau, hellblau, weiß und blau gebändert, grün (Chrysopras), rot (Karneol); durchscheinend bis undurchsichtig
Glanz	Glasglanz
Schliffform	Cabochonschliff, Tafelschliff, Kugeln, Barocksteine
Verwendung	Cabochons und Tafelschliffsteine werden als Ringsteine und für Broschen und Anhänger verwendet, aus Barocksteinen und Kugeln werden Ketten hergestellt, größere unregelmäßig geschliffene Steine dienen als Handschmeichler.
Behandlung	Chalcedone können in nahezu jeden gewünschten Ton eingefärbt werden.
Unterscheidungsmöglichkeiten	Die meisten Chalcedone sind wegen ihrer speziellen Farben und Strukturen unverwechselbar. Karneol ist im Gegensatz zum gleichfarbigen Jaspis immer zumindest an den dünnen Rändern durchscheinend.

BESONDERHEIT
Tigerauge enthält zahlreiche faserige, goldgelb oxidierte Einlagerungen von Krokydolith, die ihm in geschliffenem Zustand einen schönen, wogenden Lichtschimmer geben.

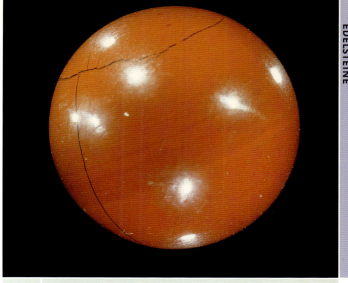

Jaspis
SiO$_2$

Härte 7

Farbe	Rot, braun, gelb, grün (mit roten Tupfen: Heliotrop); undurchsichtig. Landschaftsjaspis weist braune landschaftsähnliche Zeichnungen auf, die durch Eisenoxide entstanden sind.
Glanz	Glasglanz bis matt
Schliffform	Cabochonschliff, Tafelschliff, Kugeln, Barocksteine
Verwendung	Cabochons und Tafelschliffsteine werden als Ringsteine und für Broschen und Anhänger verwendet, aus Barocksteinen und Kugeln stellt man Ketten her, größere unregelmäßig geschliffene Steine dienen als Handschmeichler. Daneben produziert man aus Jaspis auch kunsthandwerkliche Gegenstände.
Behandlung	Jaspis kann durch Einlegen in Farblösungen in den verschiedensten Farbtönungen gefärbt werden. Blau wird er z. B. als »Deutscher Lapis« verkauft.
Unterscheidungsmöglichkeiten	Karneol ist im Gegensatz zum roten Jaspis immer zumindest an den Kanten durchscheinend.

BESONDERHEIT
Heliotrop spielt in der christlichen Mythologie eine große Rolle. Die roten Flecken auf grünem Grund sollen die Blutstropfen Christi symbolisieren.

Jade
NaAl[Si$_2$O$_6$] Härte 7

Als Jade werden hauptsächlich zwei Minerale bezeichnet: Der wertvollere Jadeit (Jade im eigentlichen Sinn) und der viel billigere Nephrit.

Farbe	Weiß, grau, gelb, braun, rot, schwarz, gebändert; undurchsichtig
Glanz	Glasglanz
Schliffform	Cabochonschliff, Tafelschliff, Kugeln, Barocksteine
Verwendung	Cabochons und Tafelschliffsteine werden als Ringsteine und für Broschen und Anhänger verwendet, Barocksteine und Kugeln für Ketten, größere unregelmäßig geschliffene Steine dienen als Handschmeichler. Daneben stellt man aus Jade auch kunsthandwerkliche Gegenstände her.
Unterscheidungsmöglichkeiten	Nephrit ist meist eher gelblich grün; Grossular (Transvaal-Jade) ist dunkler grün als Jadeit; Serpentin ist deutlich weicher.

BESONDERHEIT
Obwohl der Begriff China-Jade weit verbreitet ist, gibt es in China keine Vorkommen echter Jade. Chinesische Jade (auch Yünnan-Jade genannt) kommt immer aus Burma.

Nephrit
$(Ca,Fe)_2(Mg,Fe)_5[OH/Si_4O_{11}]_2$ Härte 5½–6

	Nephrit wird häufig fälschlich als Jade bezeichnet, oft mit einem Namenszusatz, wie z. B. Russische Jade.
Farbe	Grün, meist mit einem leicht gelblichen Stich; durchscheinend bis undurchsichtig
Glanz	Glasglanz
Schliffform	Cabochonschliff, Tafelschliff, Kugeln, Barocksteine
Verwendung	Cabochons und Tafelschliffsteine verwendet man als Ringsteine, für Broschen und Anhänger, aus Barocksteinen und Kugeln stellt man Ketten her, größere, unregelmäßig geschliffene Steine dienen als Handschmeichler. Daneben produziert man aus Nephrit auch kunsthandwerkliche Gegenstände.
Unterscheidungsmöglichkeiten	Die mehr gelblich grüne Farbe des Nephrits ist charakteristisch. Unter dem Mikroskop ist der Nephrit immer mehr faserig-filzig, während der Jadeit immer körnig ist.

BESONDERHEIT
Nephrit hat seinen Namen von dem griechischen Wort für Niere, da man in früheren Zeiten annahm, dieser Stein könne beim Menschen die verschiedenen Nierenleiden heilen.

Granat
Fe$_3$Al$_2$[SiO$_4$]$_3$ (Almandin)　　　　　　　**Härte** 6½–7½

Farbe	Farblos, weiß, rosa, gelb, braun, rot, grün, schwarz; durchsichtig bis durchscheinend
Glanz	Glasglanz
Schliffform	Facettenschliff, seltener Cabochonschliff.
Verwendung	Die v.a. zu Schmuck verarbeiteten Granatarten sind Pyrop und Almandin bzw. deren Mischkristalle, die als Rhodolith bezeichnet werden. Typischer Granatschmuck besteht aus vielen eher kleinen Steinen, die ganze Flächen besetzen. In Transvaal (Südafrika) gibt es einen grünen Grossular, der größere, dichte Massen bildet, die fälschlich auch als Transvaal-Jade bezeichnet werden. Aus diesen stellt man kunsthandwerkliche Gegenstände her.
Unterscheidungsmöglichkeiten	Rubin ist härter und zeigt ein anderes Rot als Pyrop und Almandin; Zirkon und Peridot haben eine hohe Doppelbrechung; Topas und Chrysoberyll sind viel härter als die entsprechend gefärbten Granate.

BESONDERHEIT
Beim so genannten böhmischen Granaten handelt es sich um Pyrope, die in Böhmen gefunden werden. Sie machten v.a. im letzten Jh. den Großteil der zu Schmuck verarbeiteten Granate aus.

Zirkon
Hyazinth ZrSiO$_4$ Härte 6½–7½

Farbe	Farblos, blau, gelb, braun, rotbraun (Hyazinth), rot, rosa; durchsichtig
Glanz	Diamantglanz
Schliffform	Facettenschliff
Verwendung	Insbesondere als Diamantersatz
Behandlung	Farblose und blaue Zirkone sind in der Natur außerordentlich selten. Für die Verarbeitung als Edelstein werden diese Farbtöne auf künstlichem Weg hergestellt. Die in der Natur am häufigsten vorkommenden graubraunen bis rotbraunen Zirkone erhalten durch Brennen unter verschiedenen Bedingungen farblose, gelbe und blaue Farbtöne.
Unterscheidungsmöglichkeiten	Zirkon zeigt eine sehr hohe Doppelbrechung, die nur bei sehr dunklen Steinen nicht zu erkennen ist; Aquamarin hat im Gegensatz zum blauen Zirkon keine hohe Doppelbrechung; Gleiches gilt für Diamant, Zirkonia, Bergkristall.

BESONDERHEIT
Den rotbraunen durchsichtigen Zirkon nennt man seit alters Hyazinth. Er hat eine große mythologische Bedeutung, da er zu den Steinen der Apokalypse gezählt wird.

Rhodonit
$CaMn_4[Si_5O_{15}]$

Härte 5½–6½

Farbe	Rot, fleischrot, rosa, oft mit leicht bläulichem Stich, schwarze Aderung durch Manganoxide; durchscheinend bis undurchsichtig
Glanz	Glasglanz
Schliffform	Cabochonschliff, Kugeln, Barocksteine
Verwendung	Cabochons verwendet man als Ringsteine sowie für Broschen und Anhänger. Dabei wird die schwarze Aderung nicht als Fehler, sondern durchaus als belebendes, farbliches Element angesehen. Aus Barocksteinen und Kugeln stellt man Ketten her, größere unregelmäßig geschliffene Steine dienen als Handschmeichler. Daneben werden aus Rhodonit auch kunsthandwerkliche Gegenstände hergestellt.
Unterscheidungsmöglichkeiten	Eine Verwechslung ist kaum möglich; Rhodochrosit ist immer reiner rosa. Er zeigt nie einen Blaustich und keine schwarze Aderung.

BESONDERHEIT
Das berühmte Fersman-Museum in Moskau hütet einen echten Schatz: eine über 4 Zentner schwere Vase, die aus einem Block Rhodonit geschliffen wurde.

Obsidian

Härte 5

Farbe	Obsidian ist kein Mineral, sondern ein vulkanisches Glas, das zu Schmuckzwecken verwendet wird. Schwarz, braun, oft mit weißen Flecken durchsetzt, selten schillernde Farberscheinungen (Regenbogenobsidian); undurchsichtig bis durchscheinend
Glanz	Glasglanz
Schliffform	Cabochonschliff, freie Formen, Kugeln
Verwendung	Für Schmuckzwecke wird meist der mit weißen Flecken durchsetzte so genannte Schneeflockenobsidian verwendet. Aus Obsidian werden Steinketten sowie kunsthandwerkliche Gegenstände hergestellt. In der Antike verwendete man hochpolierte Obsidianscheiben auch als Spiegel.
Unterscheidungsmöglichkeiten	Onyx ist härter; schwarzes Glas zeigt keinerlei Mineraleinschlüsse; Schneeflockenobsidian und Regenbogenobsidian sind unverwechselbar.

BESONDERHEIT
Wegen seiner Härte und guten Bearbeitbarkeit wurde Obsidian von den Steinzeitmenschen zur Herstellung kunstvoller Steinwerkzeuge wie etwa Pfeilspitzen verwendet.

Türkis
$CuAl_6[(OH)_2/PO_4]_4 \cdot H_2O$ Härte 6

Farbe	Türkisblau, seltener grünlich, oft mit schwarzer Äderung; undurchsichtig
Glanz	Wachsglanz bis matt
Schliffform	Cabochonschliff, Kugeln, Barocksteine
Verwendung	Cabochons werden als Ringsteine und für Broschen und Anhänger verwendet, aus Barocksteinen und Kugeln stellt man Ketten her.
Behandlung	Oft ist Türkis porös und bröselig – er wird dann durch Tränken mit Kunstharz verfestigt. Eine ganze Reihe anderer Mineralien, bevorzugt z. B. dichter knolliger Magnesit, kann durch Färben in ein sehr türkisähnliches Material verwandelt werden.
Unterscheidungsmöglichkeiten	Mit Kunstharz getränkter Türkis weist beim Ritzen mit einer glühenden Nadel eine deutliche Ritzspur und deutlichen Harzgeruch auf; gefärbter Magnesit ist weicher und verfärbt sich beim Betupfen mit Salzsäure.

BESONDERHEIT
Türkis ist sehr empfindlich gegen äußere Einflüsse. V. a. Fette, wie Hautcremes oder Sonnenöl, aber auch Spülmittel, verändern seine schöne blaue Farbe in ein unattraktives Grün.

Malachit
$Cu_2[(OH)_2/CO_3]$ Härte 4

Farbe	Grün, smaragdgrün, grasgrün, hellgrün; undurchsichtig
Glanz	Glasglanz
Schliffform	Cabochonschliff, Kugeln, Barocksteine
Verwendung	Cabochons und Tafelschliffsteine werden für Broschen und Anhänger verwendet, wegen der geringen Härte aber nicht als Ringsteine. Aus Barocksteinen und Kugeln stellt man Ketten her, größere unregelmäßig geschliffene Steine dienen als Handschmeichler. Daneben stellt man aus Malachit auch kunsthandwerkliche Gegenstände her.
Behandlung	Größere Malachitobjekte werden oft aus speziell geschnittenen kleineren Teilen so zusammengesetzt, dass die Fugen kaum zu erkennen sind.
Unterscheidungsmöglichkeiten	Farbe und gebänderte Struktur machen Malachit unverwechselbar; Chrysokoll und Türkis haben eine deutlich blaustichigere Farbe.

BESONDERHEIT
Wegen seiner geringen Härte ist Malachit sehr empfindlich gegen mechanische Einflüsse (Zerkratzen etc.). Er verträgt keine Säuren, wie z.B. Essig, die ihn sofort matt machen und zerstören.

GAVORRANO/ITALIEN

Granit
Tiefengestein

Hauptgemengteile	Kalifeldspat, Plagioklas
Nebengemengteile	Biotit, Muskovit, Hornblende, Turmalin
Einsprenglinge	Kalifeldspat, Plagioklas, Hornblende, Turmalin
Farbe	Weiß, grau, rötlich, grünlich, gelblich
Struktur	Mittel- bis grobkörnig, oft porphyrisch mit großen Kalifeldspäten, häufig Einschlüsse von Fremdgesteinen, häufig stark geklüftet
Entstehung	Durch Aufschmelzen von Gesteinen mit granitischer Zusammensetzung als Endstadium der Metamorphose
Vorkommen	Kleinere und größere Intrusionen, Stöcke, Kuppeln, Gänge
Verwendung	Als Baustein, zu Dekorationszwecken, als Grabstein, Bordstein, als Schotter im Straßenbau
Ähnliche Gesteine	Bei Granodiorit überwiegt der Plagioklas den Kalifeldspat, Gneis zeigt eine deutliche Schieferung.

BESONDERHEIT
Granit ist ein sehr weit verbreitetes und das am häufigsten zu Bauzwecken verwendete Gestein. Wegen seiner meist rechtwinkligen Klüftung lässt er sich trotz seiner Härte leicht bearbeiten.

GARDASEE/ITALIEN

Tonalit
Tiefengestein

Hauptgemengteile	Plagioklas (Oligoklas-Andesin), Quarz, Hornblende
Nebengemengteile	Biotit, Muskovit, Pyroxen
Einsprenglinge	Hornblende, Biotit
Farbe	Hell- bis dunkelgrau, oft hell mit dunklen Einsprenglingen
Struktur	Mittel- bis grobkörnig, oft mit Einsprenglingen in einer feineren Grundmasse
Entstehung	Bei der Aufschmelzung von Gesteinen in großen Tiefen, erstes Produkt der Differentiation granitischer Magmen
Vorkommen	Innerhalb großer granitischer Magmenkörper, z.B. am Adamello in Südtirol, Italien
Verwendung	Als Baustein, Straßenschotter, als Dekorationsstein
Ähnliche Gesteine	Granit und Granodiorit unterscheiden sich von Tonalit durch das Fehlen von Kalifeldspat.

BESONDERHEIT
Im Bayerischen Wald findet sich ein ähnliches Gestein (ein Quarz führender Diorit) in der Nähe von Fürstenstein, wo es früher zur Schottergewinnung abgebaut wurde.

TITTLING/BAYERN

Aplit
Ganggestein

Hauptgemengteile	Quarz, Kalifeldspat
Nebengemengteile	Biotit, Muskovit, Hornblende, Turmalin
Einsprenglinge	Turmalin, Hornblende
Farbe	Weiß bis hellgrau
Struktur	Feinkörnig, manchmal zoniert, gangförmig, oft auch als feinkörnige Zone neben oder um Pegmatit
Entstehung	Am Ende des Kristallisationsvorgangs eines Magmenkörpers bilden sich in Rissen und Spalten Ganggesteine wie Aplit
Vorkommen	Als Gänge in Graniten und den sie umgebenden Nebengesteinen, in allen Granitgebieten häufig
Verwendung	Aplit wird bei der Schotterherstellung aus Granit mitgewonnen, sonst gilt er als unerwünschtes Nebengestein.
Ähnliche Gesteine	Das gangförmige Auftreten ist typisch und macht zusammen mit der hellen Farbe den Aplit unverwechselbar. Pegmatit ist viel grobkörniger.

BESONDERHEIT
Manchmal werden dunkle Granite wie von einem Spinnennetz weißer Aplitadern durchzogen. Das ergibt ein schönes Bild, macht aber den Granit für die meisten Anwendungen unbrauchbar.

NAABBURG/BAYERN

Pegmatit
Ganggestein

Hauptgemengteile	Quarz, Kalifeldspat
Nebengemengteile	Plagioklas, Muskovit
Einsprenglinge	Turmalin, Columbit, Beryll, Topas, Lepidolith und viele andere seltene Mineralien
Farbe	Weiß, grau, rosa, sehr verschiedenfarbig
Struktur	Grob- bis riesenkörnig (Korngrößen im Meterbereich), oft zoniert, häufig Drusen und Hohlräume
Entstehung	Am Ende der Gesteinskristallisation bleiben leichtflüchtige Phasen übrig, die auch all die Elemente enthalten, die in die normalen gesteinsbildenden Mineralien nicht hineinpassen. Aus ihnen bilden sich in Spalten und Rissen die Pegmatite.
Vorkommen	Als Gänge, Schlieren, Stöcke
Verwendung	Der Kalifeldspat der Pegmatite wird als Rohstoff für die Porzellanindustrie gewonnen.
Ähnliche Gesteine	Die Riesenkörngkeit des Pegmatits lässt keine Verwechslung zu.

BESONDERHEIT

In Drusen und Hohlräumen von Pegmatiten finden sich viele Edelsteinminerale, z.B. Beryll, Topas, Turmalin. Viele Pegmatite werden nur zur Edelsteingewinnung abgebaut.

VOGESEN/FRANKREICH

Syenit
Tiefengestein

Hauptgemengteile	Kalifeldspat, Plagioklas (Andesin-Oligoklas), Hornblende
Nebengemengteile	Biotit, Pyroxen, Quarz
Einsprenglinge	Hornblende, Pyroxen, Titanit
Farbe	Hell- bis dunkelgrau
Struktur	Mittel- bis grobkörnig, selten porphyrisch, manchmal drusig, porös
Entstehung	Durch Differentiation aus basischeren Magmen
Vorkommen	In kleineren eigenen Intrusionskörpern, als Teil von großen differenzierten Gabbrogesteinskörpern. In Deutschland im Fichtelgebirge und im Plauenschen Grund in Sachsen
Verwendung	Lokal als Baustein, zur Schotterherstellung
Ähnliche Gesteine	Granit hat im Gegensatz zu Syenit Quarz als Hauptbestandteil und Hornblende bestenfalls als Nebengemengteil; Diorit enthält im Gegensatz zu Syenit keinen Kalifeldspat als Hauptgemengteil.

BESONDERHEIT
Nephelinsyenit ist ein alkalireiches Tiefengestein, das manchmal in großen ringförmigen Intrusionen auftritt und anstelle eines Teils des Feldspats Nephelin enthält.

FÜRSTENSTEIN/BAYERN

Diorit
Tiefengestein

Hauptgemengteile	Plagioklas (Oligoklas-Andesin), Hornblende
Nebengemengteile	Quarz, Biotit, Pyroxen
Einsprenglinge	Hornblende, Quarz, Titanit
Farbe	Mittel- bis dunkelgrau
Struktur	Fein- bis mittelkörnig, selten porphyrisch mit Titanit-Einsprenglingen (Titanitfleckendiorit), selten kugelige Struktur.
Entstehung	Als erste Ausscheidung bei der Differentiation granitischer Magmen
Vorkommen	Im Randbereich großer siliciumreicher Gesteinskomplexe, auch in kleineren eigenständigen Gesteinskomplexen.
Verwendung	Lokal als Baustein, zur Schotterherstellung, schön gefärbte Varianten als Dekorationsstein
Ähnliche Gesteine	Gabbro enthält anorthitreicheren Plagioklas und Pyroxen als Hauptbestandteil, im Gegensatz zur Hornblende des Diorits.

BESONDERHEIT
Auf Korsika gibt es einen Diorit, der deutliche kugelige Strukturen zeigt. Platten dieses sehr dekorativen Gesteins werden z. B. als Tischplatten oder für architektonische Zwecke verwendet.

HARZBURG/HARZ

Gabbro
Tiefengestein

Hauptgemengteile	Plagioklas, Pyroxen (monoklin)
Nebengemengteile	Hornblende, Magnetit, Ilmenit
Einsprenglinge	Plagioklas, Pyroxen
Farbe	Mittel- bis dunkelgrau, dunkelgrün, schwarzweiß gesprenkelt, schwarzbraun
Struktur	Mittel- bis grobkörnig, die Feldspäte oft leistenartig im Gestein verteilt, manchmal porphyrisch, oft gebändert, Fließstrukturen
Entstehung	Durch Differentiation aus ultrabasischen Magmen des Erdmantels
Vorkommen	In großen geschichteten basischen Intrusionen, als eigenständige Gesteinskörper
Verwendung	Lokal als Baustein, zur Schotterherstellung, schönere Varianten als Dekorationsstein, für Grabsteine
Ähnliche Gesteine	Diorit enthält Hornblende als Hauptgemengteil anstelle des Pyroxrens des Gabbros; Pyroxenit enthält keinen Feldspat.

BESONDERHEIT

Das Gestein Norit ist ein naher Verwandter des Gabbros, das sich von diesem nur dadurch unterscheidet, dass es statt monoklinem orthorhombischen Pyroxen (z. B. Hypersthen) enthält.

LABRADOR/USA

Anorthosit
Tiefengestein

Hauptgemengteile	Plagioklas (Labradorit-Bytownit)
Nebengemengteile	Pyroxen, Olivin, Chromit, Magnetit
Farbe	Weiß, grau, schwarz, grünlich, rötlich
Struktur	Mittel- bis grobkörnig, immer gleichkörnig, selten von Magnetit oder Chromitschichten durchsetzt
Entstehung	Bei der Differentiation basischer Magmen
Vorkommen	Als Lagen und Schichten innerhalb basischer Gesteinskomplexe. In Europa gibt es kaum Anorthosit, große Vorkommen liegen besonders in Südafrika und in den USA.
Verwendung	Bei genügendem Chromitgehalt zur Chromgewinnung abgebaut, schön gefärbte und strukturierte Varitäten als Dekorationssteine, für Grabsteine
Ähnliche Gesteine	Granit und Aplit enthalten immer Quarz und Kalifeldspat anstelle des Plagioklases; Pegmatit ist immer grob- bis riesenkörnig und besteht aus Kalifeldspat.

BESONDERHEIT
Selten enthalten Anorthosite auch reichlich Erzminerale, bei denen die Platingehalte so groß sein können, dass es sich lohnt, das Gestein zur Gewinnung dieses wertvollen Metalls abzubauen.

ALPE ARAMI/TESSIN

Peridotit
Tiefengestein

Hauptgemengteile	Olivin, Pyroxen
Nebengemengteile	Spinell, Hornblende, Pyrop, Phlogopit, Chromit
Einsprenglinge	Pyrop, Pyroxen
Farbe	Hell- bis dunkelgrün
Struktur	Mittelkörnig, zum Teil porphyrisch mit großen Pyroxen- oder Pyrop-Einsprenglingen, manchmal deutlich zoniert
Entstehung	Bei der Differentiation basischer Magmen, durch Hochtransport aus dem oberen Erdmantel. Man nimmt an, dass der Erdmantel zum Teil aus peridotitischen Gesteinen aufgebaut ist. Die Olivinbomben aus vulkanischen Gesteinen sind hochgerissene Teile solcher Gesteine des Erdmantels.
Vorkommen	Als kleinere eigenständige Gesteinskomplexe, in Ophiolith-Komplexen
Verwendung	Manchmal als Dekorationsgestein
Ähnliche Gesteine	Gabbro enthält immer noch Feldspat.

BESONDERHEIT
Peridotit mit orthorhombischem Pyroxen (z.B. Hypersthen) wird nach einem Vorkommen im Harz Harzburgit genannt, mit zusätzlich monoklinem Pyroxen und Spinell heißt er Lherzolith.

ZENTRALMASSIV/FRANKREICH

Rhyolith
Vulkanisches Gestein

Hauptgemengteile	Quarz, Kalifeldspat
Nebengemengteile	Plagioklas (Albit), Biotit
Einsprenglinge	Kalifeldspat
Farbe	Sehr hell grau bis weißlich, hellbraun
Struktur	Grundmasse sehr feinkörnig, manchmal große Einsprenglinge von Sanidin (Kalifeldspat)
Entstehung	Beim Austritt siliciumreicher Magmen, Rhyolith ist das dem Tiefengestein Granit entsprechende vulkanische Gestein
Vorkommen	In Schlöten, Stöcken, Gängen, bildet selten regelrechte Gesteinsdecken. Fundorte liegen z. B. auf den Liparischen Inseln in Italien (Liparit) oder im französischen Zentralmassiv.
Verwendung	Lokal als Baustein, zur Schotterherstellung
Ähnliche Gesteine	Granit hat nie eine so feinkörnige Grundmasse wie der Rhyolith, er tritt nie im Bereich vulkanischer Tätigkeiten auf.

BESONDERHEIT
Im Mineralienhandel werden unter dem Namen Rhyolith Achate angeboten, die nicht mehr oder weniger rund sind, sondern so genannte Apophysen aufweisen.

BOZEN/SÜDTIROL

Quarzporphyr
Vulkanisches Gestein

Hauptgemengteile	Quarz, Kalifeldspat
Nebengemengteile	Plagioklas (Albit), Biotit
Einsprenglinge	Quarz, Kalifeldspat
Farbe	Braun, rötlich braun, die Grundmasse ist durch Eisenoxide gefärbt
Struktur	Feinkörnige Grundmasse mit Einsprenglingen von Quarz und Kalifeldspat
Entstehung	Beim Austritt kieselsäurereicher Magmen, die wegen ihrer starken Beweglichkeit große Flächen überdecken konnten. Quarzporphyr ist der Name für geologisch alte Rhyolithe.
Vorkommen	Als riesige Deckenergüsse besonders aus der Zeit von Perm und Trias vor etwa 200 Millionen Jahren.
Verwendung	Örtlich als Baustein, zur Herstellung von Pflastersteinen, Bodenplatten, Schottersteinen
Ähnliche Gesteine	Rhyolith hat keine rötliche Grundmasse; Granit hat keine so feinkörnige Grundmasse.

BESONDERHEIT
Berühmt ist der Bozener Quarzporphyr in Südtirol, Italien, der in Form von Pflastersteinen und Boden- und Wegplatten bis nach Deutschland exportiert wird.

KAISERSTUHL/DEUTSCHLAND

Phonolith
Vulkanisches Gestein

Hauptgemengteile	Nephelin, Kalifeldspat, Aegirin (ein Natrium-Pyroxen)
Nebengemengteile	Olivin, Sodalith, Haüyn, Natriumhornblende
Einsprenglinge	Haüyn, Kalifeldspat, Nephelin, Melanit (ein schwarzer titanhaltiger Granat)
Farbe	Hell- bis dunkelgrau, grünlich, braun
Struktur	Feinkörnig mit Einsprenglingen von Nephelin, Kalifeldspat, typisch muscheliger Bruch, oft Fließstrukturen, manchmal säulige Absonderungen
Entstehung	Aus alkalireichen Magmen; das dem Tiefengestein Nephelinsyenit entsprechende vulkanische Gestein
Vorkommen	Als vulkanische Stöcke, auch in Form von Gängen, dann Tinguait genannt
Verwendung	Als Baustein, zur Schottergewinnung
Ähnliche Gesteine	Tephrit enthält im Gegensatz zum Phonolith noch Leucit, oft in großen Einsprenglingen.

BESONDERHEIT
Phonolith hat seinen Namen von einer besonderen Eigenschaft: Schlägt man ihn mit dem Hammer an, so gibt er einen typischen hellen Ton. Deshalb heißt er im Volksmund auch Klingstein.

GROSCHLATTENGRÜN/BAYERN

Basalt
Vulkanisches Gestein

Hauptgemengteile	Plagioklas (Labradorit-Bytownit), Augit, Magnetit
Nebengemengteile	Olivin, Hornblende, Biotit
Einsprenglinge	Plagioklas, Augit, Olivin
Farbe	Schwarz bis grauschwarz, braunschwarz
Struktur	Dicht mit muscheligem Bruch, manchmal schlackig mit rauer Oberfläche, Grundmasse sehr feinkörnig, säulige Absonderung
Entstehung	Beim Austritt gabbroähnlicher Magmen; Basalt ist das dem Tiefengestein Gabbro entsprechende vulkanische Gestein
Vorkommen	In Lavaströmen, als Decken, Stöcke, Gänge. In Deutschland z. B. in der Eifel, im Fichtelgebirge, am Vogelsberg
Verwendung	Als Straßenschotter, als Pflasterstein
Ähnliche Gesteine	Alle im Prinzip ähnlichen Tiefengesteine sind sehr viel feinkörniger; Rhyolith enthält Quarz als Hauptgemengteil, Tephrit Leucit.

BESONDERHEIT
Bei der Abkühlung von Basaltdecken entstehen oft Spannungsrisse, die das Gestein in große polygonale Säulen, die so genannten Basaltsäulen zerteilen.

LIMBURG/KAISERSTUHL

Tephrit
Vulkanisches Gestein

Hauptgemengteile	Plagioklas (Labradorit-Bytownit), Pyroxen
Nebengemengteile	Nephelin, Leucit
Einsprenglinge	Leucitkristalle, Plagioklas
Farbe	Grau bis schwarz
Struktur	Feinkörnige Grundmasse, oft porös, mit großen Leucit-Einsprenglingen. Wird Leucit Hauptgemengteil, nennt man das Gestein Leucittephrit, ist Leucit alleiniger Bestandteil, heißt das Gestein Leucitit.
Entstehung	Aus basischer, kieselsäurearmer Lava, die oft karbonatische Nebengesteine aufgenommen hat
Vorkommen	In vulkanischen Ergüssen, Decken. In Deutschland z.B. am Kaiserstuhl, in Italien häufig im Latium, zum Beispiel am Lago Bracciano
Verwendung	Lokal als Schottermaterial
Ähnliche Gesteine	Phonolith enthält im Gegensatz zu Tephrit Kalifeldspat, ebenso Rhyolith.

BESONDERHEIT
Insbesondere der Leucittephrit ist auch für Mineraliensammler interessant. Aus ihm lassen sich oft sehr gut ausgebildete große Leucitkristalle herauspräparieren.

TENERIFFA/KANARISCHE INSELN

Lava
Vulkanisches Gestein

Hauptgemengteile	Plagioklas, Pyroxen
Nebengemengteile	Olivin, Hornblende, Biotit
Einsprenglinge	Olivin, Augit, Hornblende, Biotit
Farbe	Schwarz, grau, braun
Struktur	Lava bezeichnet ganz oberflächlich erstarrte vulkanische Gesteine. Sie zeigt zackige, fladenähnliche Erstarrungsformen mit vielfältigen Fließstrukturen, ist dicht bis porös, feinkörnig und kann verschiedenartige Einsprenglinge enthalten.
Entstehung	Beim oberflächlichen Erstarren von Lavaströmen
Vorkommen	Im Bereich junger, zum Teil noch tätiger Vulkane, z.B. in der Eifel, auf Island, Hawaii, am Vesuv und Ätna, auf den Liparischen Inseln und Stromboli
Verwendung	Als Zuschlag zu Beton, im Gartenbau, im Zierpflanzenanbau als Substrat
Ähnliche Gesteine	Die Oberflächenstruktur macht Lavagestein unverwechselbar.

BESONDERHEIT
Eine Besonderheit ist der Bimsstein, der beim Austritt besonders gasreicher kieselsäurereicher Laven entsteht. Er ist wegen vieler gasgefüllter Hohlräume so leicht, dass er auf Wasser schwimmt.

GEFREES/BAYERN

Tonschiefer
Metamorphes Gestein

Hauptgemengteile	Tonmineralien
Nebengemengteile	Körner von Quarz, Glimmer, Kalkspat, Feldspat
Farbe	Grau bis schwarz
Struktur	Extrem feinkörnig, einzelne Körner nur unter dem Mikroskop sichtbar, geschiefert, in Platten spaltbar
Entstehung	Durch Ablagerung von Tonmineralien in Gewässern, besonders im Meer
Vorkommen	Als Schichten zwischen anderen Sedimentgesteinen, in Salzwasserablagerungen, aber auch in Ablagerungen von Seen, z. B. während der Eiszeiten
Verwendung	Schieferplatten zum Decken von Dächern, als wetterfeste Verkleidung von Häusern, zu Tischplatten, als Bodenplatten. In Deutschland z. B. im Rheinischen Schiefergebirge
Ähnliche Gesteine	Phyllite lassen auf den Schichtflächen reichlich silbrig schimmernden Glimmer erkennen.

BESONDERHEIT
Einst wurde Schiefer zur Herstellung von Schreibtafeln verwendet. Auch die Griffel machte man aus Schiefer. Heute ist dies Geschichte, Kinder lernen das Schreiben nicht mehr auf Schiefertafeln.

KITZBÜHEL/ÖSTERREICH

Phyllit
Metamorphes Gestein

Hauptgemengteile	Quarz, Glimmer
Nebengemengteile	Graphit, Feldspat, Chlorit, Chloritoid
Farbe	Grau, gelblich, grünlich, silbrig, oft seidiger Glanz
Struktur	Sehr feinkörnig, die einzelnen Glimmerblättchen sind auch mit der Lupe nicht erkennbar, schiefrig, lagig gefaltet, oft ganz fein geriffelt
Entstehung	Bei niedriggradiger Regionalmetamorphose aus tonigen bis sandigen Sedimentgesteinen
Vorkommen	In Gebieten mit großflächiger Metamorphose (Regionalmetamorphose)
Verwendung	Fein gemahlen zur Beschichtung hochreflektierender Pappen und Matten
Ähnliche Gesteine	Tonschiefer glänzt nicht seidig wie der Phyllit; beim Glimmerschiefer kann man die einzelnen Glimmerblättchen mit der Lupe unterscheiden. Er hat im Gegensatz zum Phyllit auch häufig Einsprenglinge verschiedenster Minerale.

BESONDERHEIT
Phyllit enthält manchmal größere Mengen Graphit, dann färbt er an den Fingern ab und man kann damit auf Papier schreiben, allerdings nur kratzig und nicht so gut wie mit reinem Graphit.

ZILLERTAL/ÖSTERREICH

Glimmerschiefer
Metamorphes Gestein

Hauptgemengteile	Glimmer, Quarz
Nebengemengteile	Feldspat, Chlorit, Granat, Turmalin, Aktinolith, Hornblende, Disthen
Einsprenglinge	Granat, Turmalin, Hornblende, Pyrit
Farbe	Grau, silbergrau, schwarz, braun, glänzend
Struktur	Struktur fein- bis grobkörnig, oft gefaltet, manchmal mit quarz- oder feldspatreichen Lagen, oft eingewachsen große Kristalle von Granat (Almandin), Aktinolith, Disthen oder Turmalin
Entstehung	Bei mittel- bis hochgradiger Metamorphose aus sandigen bis tonigen Ausgangsgesteinen
Vorkommen	Häufig in regionalmetamorphen Gebieten, z.B. in den Alpen
Ähnliche Gesteine	Beim Phyllit kann man im Gegensatz zum Glimmerschiefer die einzelnen Glimmerblättchen nicht mit der Lupe erkennen, Phyllit hat keine Einsprenglinge; Gneise haben immer Feldspat als Hauptgemengteil.

BESONDERHEIT
Die berühmten Zillertaler Granaten stammen aus Glimmerschiefern im Bereich der Berliner Hütte. Sie wurden früher in großen Mengen abgebaut und zu Schmuck verarbeitet.

ZILLERTAL/ÖSTERREICH

Chloritschiefer
Metamorphes Gestein

Hauptgemengteile	Chlorit
Nebengemengteile	Magnetit, Pyrit, Hornblende, Epidot, Albit
Einsprenglinge	Magnetit, Pyrit
Farbe	Hell- bis dunkelgrün
Struktur	Fein- bis grobkörnig, blättrig, schiefrig, oft mit Einsprenglingen von Magnetit und Pyrit
Entstehung	Bei niedriggradiger Metamorphose aus Laven, vulkanischen Tuffen und anderen basischen Gesteinen
Vorkommen	In Gebieten großflächiger Metamorphose, z.B. in den Alpen, insbesondere in den Hohen Tauern
Verwendung	Nur für Mineraliensammler interessant
Ähnliche Gesteine	Glimmerschiefer und Phyllit haben Glimmer als Hauptmineral; Amphibolite enthalten Hornblende oder Aktinolith als Hauptgemengteil. Die grüne Farbe und die geringe Härte (2) machen den Chloritschiefer unverwechselbar.

BESONDERHEIT
Für Mineraliensammler ist der Chloritschiefer sehr interessant, weil er häufig bis über 1 cm große schwarze Oktaeder von Magnetit und Pyritkristalle enthält.

FICHTELGEBIRGE/BAYERN

Amphibolit
Metamorphes Gestein

Hauptgemengteile	Hornblende, Aktinolith
Nebengemengteile	Epidot, Plagioklas, Chlorit, Granat
Einsprenglinge	Granat
Farbe	Dunkelgrün bis schwarz
Struktur	Grobkörnig, geschiefert, manchmal mit Einsprenglingen von Granat
Entstehung	Bei niedrig- bis mittelgradiger Metamorphose aus basischen, meist vulkanischen Gesteinen
Vorkommen	Amphibolite sind weit verbreitet in metamorphen Schichtfolgen der Alpen, z.B. im Habachtal in den Hohen Tauern in Österreich und im St.-Gotthard-Massiv in der Schweiz.
Verwendung	Selten lokal zur Schotterherstellung, als Baustein
Ähnliche Gesteine	Serpentinite enthalten keine Amphibole; Chloritschiefer haben Chlorit als Hauptbestandteil und sind viel weicher als Amphibolit; Eklogit hat als Hauptbestandteil Pyroxene.

BESONDERHEIT
Bei besonders attraktiver Farbe und Struktur (z.B. mit Granat-Einsprenglingen) werden Amphibolite selten auch als Dekorationsgestein verwendet.

BAYERISCHER WALD

Gneis
Metamorphes Gestein

Hauptgemengteile	Feldspat, Quarz, Glimmer
Nebengemengteile	Granat, Cordierit, Sillimanit, Hornblende
Einsprenglinge	Granat, Cordierit, Kalifeldspat
Farbe	Hell- bis dunkelgrau, grünlich, gelblich, bräunlich, sehr verschiedenfarbig
Struktur	Mittel- bis grobkörnig, lagig mit hellen und dunklen Lagen, schlierig, gefaltet, teilweise Einsprenglinge von Feldspat (Augengneis), Almandin (Granatgneis), Cordierit (Cordieritgneis)
Entstehung	Bei mittlerer bis hochgradiger Metamorphose aus tonigen Sedimenten (Paragneise) oder granitischen Gesteinen (Orthogneise)
Vorkommen	Überall in metamorphen Gebieten, z.B. im Bayerischen Wald, im Schwarzwald, überall in den Alpen
Verwendung	Gut geschieferte, nicht gefaltete Gneise als Boden- und Dachplatten
Ähnliche Gesteine	Granit ist nicht geschichtet.

BESONDERHEIT
Besonders schön gezeichnete, interessant gefaltete Gneise werden auch zu Dekorationssteinen für Wandverkleidungen und als Tischplatten verschliffen.

FICHTELGEBIRGE/BAYERN

Eklogit
Metamorphes Gestein

Hauptgemengteile	Pyroxen (Omphacit), Granat
Nebengemengteile	Disthen, Quarz, Aktinolith
Einsprenglinge	Granat, Disthen
Farbe	Hell- bis dunkelgrün, rot gesprenkelt
Struktur	Grobkörnig, Einsprenglinge von Granat, seltener von Disthen, manchmal geschichtet, meist aber ungerichtet
Entstehung	Bei hochgradiger Metamorphose aus basischen Gesteinen. Oft bilden sich bei rückläufiger Metamorphose auch Mineralien niedrigerer Temperaturen und Drücke, wie z.B. Glimmer oder Disthen.
Vorkommen	Linsen und Lagen innerhalb hochmetamorpher Gesteinsfolgen und Gesteinskörper. Häufigere Vorkommen in den Alpen
Verwendung	Als Dekorationsgestein
Ähnliche Gesteine	Die charakteristische Zusammensetzung lässt keine Verwechslung zu.

BESONDERHEIT
Eklogite, die bei besonders hohen Temperaturen gebildet wurden, wie z.B. solche aus Südafrika, können auch eingewachsene Diamantkristalle enthalten.

SPITZ/ÖSTERREICH

Granulit
Metamorphes Gestein

Hauptgemengteile	Kalifeldspat, Plagioklas, Granat
Nebengemengteile	Disthen, Cordierit, Sillim
Einsprenglinge	Granat
Farbe	Weiß bis grau, gelblich, bräunlich, leicht violett schattiert
Struktur	Fein- bis grobkörnig, ungeschichtet, mit Einsprenglingen von Granat
Entstehung	Bei hochgradiger Metamorphose aus sandigen bis tonigen Sedimentgesteinen
Vorkommen	In Gebieten besonders hochgradiger Regionalmetamorphose, z. B. im Valle d'Ossola in Italien
Verwendung	Bei besonders attraktiver Struktur als Dekorationsgestein im Baugewerbe, auch zu Bodenplatten oder Tischplatten
Ähnliche Gesteine	Quarzite enthalten im Gegensatz zum Granulit keinen Granat; Gneise enthalten im Gegensatz zu Granulit immer Quarz und Glimmer.

BESONDERHEIT
Das Sächsische Granulitgebirge hat nach diesem Gestein seinen Namen erhalten. Dort herrschten besonders hohe Drucke, sodass sogar winzigste Diamanten entdeckt werden konnten.

IVREA/ITALIEN

Marmor
Metamorphes Gestein

Hauptgemengteile	Kalkspat
Nebengemengteile	Dolomit, Wolastonit, Vesuvian, Graphit, Diopsid, Spinell, Korund
Einsprenglinge	Spinell, Granat, Wollastonit
Farbe	Weiß, gelblich, bräunlich
Struktur	Fein- bis grobkörnig, manchmal zoniert
Entstehung	Aus Kalkstein durch Regional- oder Kontaktmetamorphose
Vorkommen	In der Kontaktaureole um Tiefengesteine, in regionalmetamorphen Gesteinszügen. Der klassische Marmor der Künstler und Bildhauer kommt aus Carrara in Italien.
Verwendung	Als Baustein, für Dekorationszwecke, für Grabsteine, für Bildhauerarbeiten, als Zierstein
Ähnliche Gesteine	Bei Kalksteinen kann man im Gegensatz zum Marmor die Spaltflächen der einzelnen Kalkspatkörner nicht sehen; Gipsgestein ist weicher.

BESONDERHEIT
Der meiste im Baugewerbe angebotene »Marmor« ist kein echter Marmor im mineralogischen Sinn, also metamorpher Kalkstein, sondern nur einfacher sedimentärer Kalkstein.

FRANKENWALD/BAYERN

Kalkstein
Sedimentgestein

Hauptgemengteile	Kalkspat
Nebengemengteile	Limonit, Dolomit, Quarz, Tonminerale
Einsprenglinge	Kalkstein enthält oft viele verschiedene Fossilien wie Schnecken, Muscheln oder Ammoniten.
Farbe	Weiß, gelblich, bräunlich, grau, schwarz
Struktur	Feinkörnig, geschichtet, gebankt, manchmal gefaltet, manchmal fast zu 100 % aus Überresten von Lebewesen, z.B. Muscheln, bestehend
Entstehung	Meist aus den Überresten von Lebewesen, selten auch anorganisch ausgefällt
Vorkommen	In allen sedimentären Schichtenfolgen außerordentlich weit verbreitet, häufig gebirgsbildend
Verwendung	Als Baustein, als Schotter, zum Kalkbrennen, schön gefärbte und gezeichnete Varietäten auch als Zierstein, für Wandverkleidungen, als Bodenplatten
Ähnliche Gesteine	Dolomit braust im Gegensatz zum Kalkstein nicht beim Betupfen mit verdünnter Salzsäure.

BESONDERHEIT
Besonders bekannt sind die Solnhofer Platten, die als Bodenbelag oder Dachplatten verwendet werden. Bei ihrem Abbau fand man viele Fossilien wie den berühmten Urvogel Archaeopteryx.

ESCHENLOHE/BAYERN

Dolomit
Sediment

Hauptgemengteile	Dolomit
Nebengemengteile	Kalkspat, Quarz, Limonit
Einsprenglinge	Dolomit enthält nur selten Fossilien
Farbe	Weiß, gelb, beige, grau, bräunlich
Struktur	Fein- bis mittelkörnig, geschichtet, gebankt, seltener gefaltet
Entstehung	Meist aus Kalksteinen durch Magnesiumaustausch mit magnesiumhaltigem Wasser oder Gestein entstanden, selten primär als Dolomit gebildet
Vorkommen	In vielen sedimentären Schichtfolgen, z.B. in der Schwäbischen und Fränkischen Alb und in den Nördlichen und Südlichen Kalkalpen
Verwendung	Als Baustein, zur Schotterherstellung, als Bodenplatten, für die Herstellung von Dolomitsteinen für Hochöfen, als Zuschlag bei der Stahlverhüttung
Ähnliche Gesteine	Kalkstein braust im Gegensatz zum Dolomit beim Betupfen mit verdünnter Salzsäure.

BESONDERHEIT
Sowohl das Gestein Dolomit, das Mineral Dolomit als auch das Gebirge der Dolomiten in Südtirol haben alle ihren Namen nach dem französischen Gelehrten Dolomieu erhalten.

HELGOLAND

Sandstein
Sediment

Hauptgemengteile	Quarzkörner
Nebengemengteile	Glimmer, Feldspat, Kalkspat
Einsprenglinge	Feldspat, Glimmer
Farbe	Weiß, grau, rot, braun, violett, schwarz
Struktur	Fein- bis mittelkörnig, geschichtet, bankig. Die Sandkörner können durch Quarz (Quarzsandstein) oder Kalkspat (Kalksandstein) oder Ton (Tonsandstein) verkittet sein. Sandsteine mit Feldspatteilchen werden Arkose genannt.
Entstehung	Bei der Ablagerung der Abtragungsrückstände von Silikatgesteinen, durch Verfestigung von Sand
Vorkommen	In allen sedimentären Schichtfolgen, immer in Kontinentnähe gebildet
Verwendung	Als Baustein vielfältig verwendet, als Bodenplatten, für Bildhauerarbeiten
Ähnliche Gesteine	Brekkzien und Konglomerate bestehen aus Gesteinsbruchstücken.

BESONDERHEIT
Als Sand bezeichnet man Ablagerungen von Quarz-körnern, die noch nicht verfestigt sind. Selten besteht Sand auch aus anderen Mineralien, z. B. Olivin, Pyroxen.

GARMISCH-PARTENKIRCHEN/BAYERN

Brekkzie
Sediment

Hauptgemengteile	Gesteinsbruchstücke
Nebengemengteile	Kalkspat, Quarz
Einsprenglinge	Gesteinsbruchstücke
Farbe	Farblich sehr unterschiedlich, auch sehr bunt
Struktur	Grobkörnig, auch mit sehr unterschiedlichen Korngrößen, alle Gesteinsbruchstücke sind eckig, Bindemasse sandig, kalkig, tonig
Entstehung	Durch Zerbrechen von Gesteinen und nachträglicher Wiederverfestigung
Vorkommen	In Gebieten mit starker mechanischer Beanspruchung, in tektonischen Grabengebieten, entlang von Störungszonen, in Bergsturzmassen, in eingestürzten Höhlen, in Erzgängen
Verwendung	Mechanisch feste und attraktive Brekkzien nimmt man als Dekorationssteine zur Wandverkleidung.
Ähnliche Gesteine	Konglomerate bestehen aus abgerollten Gesteinsbruchstücken.

BESONDERHEIT
In Erzlagerstätten gibt es manchmal Erzbrekkzien. Dabei werden Erz- oder Gesteinsbruchstücke durch Erzmineralien verkittet. Dies deutet immer auf starke Bewegungen bei der Erzbildung hin.

TRAUNREUTH/BAYERN

Konglomerat
Sediment

Hauptgemengteile	Gesteinsbruchstücke
Nebengemengteile	Kalkspat, Quarz, Tonmineralien
Einsprenglinge	Gesteinsbruchstücke
Farbe	Farblich sehr unterschiedlich, auch sehr bunt
Struktur	Grobkörnig, auch sehr unterschiedliche Korngrößen, manchmal geschichtet, alle Gesteinsbruchstücke gerundet
Entstehung	Durch Verfestigung von Schottern
Vorkommen	In Süßwasser- und Meeressedimenten, oft an der Basis. Das Vorhandensein von Konglomeraten deutet auf stark bewegtes Wasser hin, bei Meeressedimenten auch auf große Küstennähe.
Verwendung	Stark verfestigte Konglomerate werden als Bausteine verwendet, optisch attraktive dienen auch als Dekorationssteine.
Ähnliche Gesteine	Brekkzien bestehen nur aus eckigen Gesteinsbruchstücken.

BESONDERHEIT
Im Alpenvorland gibt es die so genannte Nagelfluh, bei der es sich um stark verfestigte eiszeitliche Schotter handelt. Sie enthält sowohl Kalkstein- als auch Silikatgerölle.

EBNATH/BAYERN

Quarzit
Metamorphes und sedimentäres Gestein

Hauptgemengteile	Quarz
Nebengemengteile	Glimmer, Feldspat
Einsprenglinge	Glimmer
Farbe	Weiß, gelblich, grau, bräunlich
Struktur	Feinkörnig, geschichtet
Entstehung	Aus kieselsäurereichen Gesteinen, bereits bei beginnender Verfestigung aus Sanden als Sedimentgestein, dann in allen Metamorphosestufen
Vorkommen	Eingelagert in Sandschichten, in vielen metamorphen Schichtfolgen, z.B. im Rheinischen Schiefergebirge
Verwendung	Als Baustein, zur Herstellung von Silikatsteinen, als Zuschlag zur Erzverhüttung, zur Glasherstellung, zur Glasfaserfabrikation, zur Siliciumherstellung
Ähnliche Gesteine	Sandsteine lassen im Gegensatz zum Quarzit die einzelnen Sandkörner erkennen.

BESONDERHEIT
Im Felbertal in den österreichischen Alpen werden quarzitische Lagen in amphibolitischen Schiefern abgebaut, die in großen Mengen das Wolfram-Erzmineral Scheelit enthalten.

UNTERFRANKEN/BAYERN

Gipsgestein
Sediment

Hauptgemengteile	Gips
Nebengemengteile	Steinsalz, Kalkspat, Tonmineralien
Einsprenglinge	Steinsalz, Quarzkristalle, Schwefel
Farbe	Weiß, gelblich, bräunlich, rötlich, grau
Struktur	Fein- bis grobkörnig, selten geschichtet
Entstehung	Bei der Eindampfung von Meerwasser, oft durch Wasseraufnahme aus primär entstandenem Anhydrit, dabei verbiegen sich die einzelnen Gesteinslagen wegen des größeren Volumens des Gips wurm- oder gekröseartig (Gekrösegips)
Vorkommen	In sedimentären Schichtenfolgen, oft in Verbindung mit Steinsalzlagerstätten
Verwendung	Zur Herstellung von Gipsmörtel und anderen Gipsprodukten
Ähnliche Gesteine	Kalkstein braust im Gegensatz zum Gipsgestein beim Betupfen mit verdünnter Salzsäure; Dolomit ist deutlich härter.

BESONDERHEIT
Sehr feinkörniges weißes Gipsgestein wird von Bildhauern gerne zur Herstellung von Kunstwerken und kunstgewerblichen Gegenständen verwendet. Man nennt diese Varietät Alabaster.

PEISSENBERG/BAYERN

Kohle
Sediment

Hauptgemengteile	Inkohlte organische Substanzen, besonders Pflanzenteile
Nebengemengteile	Quarz, Kalkspat, Pyrit
Einsprenglinge	Pyrit
Farbe	Braun bis schwarz
Struktur	Braunkohle: Pflanzenteile fest verbacken, aber noch gut erkennbar; Steinkohle: dicht mit muscheligem Bruch, schuppig, faserig, körnig
Entstehung	Durch Inkohlung pflanzlicher Substanz unter Luftabschluss. Braunkohle ist meist geologisch jünger, Steinkohle älter.
Vorkommen	In zahlreichen sedimentären Abfolgen, Braunkohle besonders im Tertiär, Steinkohle im Karbon
Verwendung	Als Brennstoff zur Energiegewinnung, als Ausgangsprodukt für die chemische Industrie
Ähnliche Gesteine	Obsidian ist viel härter.

BESONDERHEIT
Dichte Steinkohle mit Pechglanz wird unter dem Namen Gagat oder Jett auch für Schmuckzwecke verwendet. Man stellte früher daraus bevorzugt Trauerschmuck her.

Register

A
Abfolge
 -, magmatische 15
 -, metamorphe 15
 -, sedimentäre 15
Achat 18, 146, 177
Adamin 106
Agardit 54
Akanthit 64
Aktinolith 60
Alexandrit 159, 173
Almandin 18, 182
Amethyst 17, 176
amorph 7
Amphibolit 207
Anatas 135
Andalusit 140
Anglesit 102
Annabergit 90
Anorthosit 195
Antigorit 115
Antimonglanz 63
Antimonit 63
Apatit 9f., 130
Aplit 190
Apophyllit 125
Aquamarin 16, 167
Aragonit 111
Argentit 64
Arkansit 136
Arsen, gediegen 72
Arsenkies 79
Arsenopyrit 79
Augit 14, 61
Auripigment 37
Azurit 18, 23
 -, blauer 11

B
Baryt 103
Basalt 200
Bergkristall 14, 17
Bertrandit 142
Beryll 16, 154
Beudantit 40
Bildungen, magmatische 15
 -, metamorphe 18
 -, sedimentäre 17
 -, vulkanische 17
Biotit 99
Bitterspat 120
Blaueisenerde 89
Blei 17
Bleiglanz 11, 67
Bornit 11, 69
Bournonit 68
Braunbleierz 116
Brauneisenstein 45
Braunstein 81
Brekkzie 215
Brookit 136
Bruch 14
Buntkupferkies 69

C
Cerussit 104
Chabasit 17, 127
Chalcedon 147, 178
 – Flint 147
 – Karneol 147
Chalkanthit 20
Chalkopyrit 73
Chalkotrichit 33
Chiastolith 140
Chlorit 51
Chloritschiefer 206
Chromeisenerz 46
Chromeisenstein 46
Chromit 46
Chrysoberyll 18, 159, 173
Chrysokoll 18
Chrysolith 169
Chrysopras 147
Chrysotil 115
Cinnabarit 28
Citrin 14
Coelestin 105
Connellit 22
Cuprit 33
Cuproadamin 107
Cyanit 124

D
Desmin 113
Diamant 7, 9, 11f, 18, 162f.
Diamantglanz 12
Diamantkristalle 16
Dichte 12f.
Dioptas 59
Diorit 193
Disthen 124
Dolomit 120, 213
Duktil (Tenazität) 11
Dyskrasit 70

E
Edelsteine 7
Edelstein-Mineralien 16, 18
Eisen, gediegen 76
Eisenglimmer 34
Eisenkies 82
Eisenspat 109
Eklogit 209
Entstehung 15
Epidot 87
Erythrin 26
Euklas 156

F
Fahlerz 71
Farbe 11
feinkörnig 15
Feldspat 7, 9, 14, 16f.
Fettglanz (Glanz) 12
Feuerstein 147
Fluoreszenz 14
Fluorit 8f., 16, 123
Flussspat 123

G

Gabbro 194
Galenit 67
Gang 16
Gänge, hydrothermale 16
Ganggestein 190f.
Gelbbleierz 95
Gesteine 7
 -, basische 15
 -, feste 7
 -, metamorphe 15, 203f., 217
 -, silikatische 17
 -, vulkanische 7, 15, 197f.
Gesteinsschmelze 7
Gewicht, spezifisches 12
Gips 9, 11, 92
Gipsgestein 218
Glanz 11
Glasglanz (Glanz) 12
Glimmer 7, 11, 16
Glimmerschiefer 205
Gneis 208
Goethit 45
Gold 11, 14, 17f.
 -, gediegen 38
Goldberyll 19
Granat 18, 148, 182
 – Almandin 148
 – Andradit 148
 – Grossular 148
 – Pyro 148
 – Spessartin 148
 – Uwarowit 148
Granatkristalle 18
Granatschmuck, böhmischer 19
Granit 7, 188
Granulit 210
Graphit 62
Grauspießglanz 63
grobkörnig 15
Grünbleierz 116
Grüneisenerz 58

H

hakig (Spaltbarkeit) 14
Halit 93
Hämatit 14, 34
Härte 8f., 10
 – prüfen 10
Härtebestimmung 10
Härteskalen 9
Hausmannit 44
Hemimorphit 128
Hessit 65
Hiddenit 141
Himbeerspat 119
Hornblende 14, 48
Hureaulith 134
Hyazinth 183
Hypersthen 48

I

Ilmenit 18, 78
Ilvait 80
Intramagmatische

J

Jade 180
Jadeit 19
Jaspis 179

K

Kakoxen 39
Kalifeldspat 138
Kalkspat 7, 9, 14, 100
Kalkstein 212
Kammkies 85
Kermesit 25
Kieselzinkerz 128
Kimberlit 16
Kimberlit-Pipes 15
Klüfte, alpine 17
Kobaltblüte 26
Kohle 219
Konglomerat 216
Konichalcit 57
Korund 9, 161

Kristall 6f
Kristallgitter 7
kristallin 7
Krokoit 31
Kunzit 141
Kupfer 14
 -, gediegen 32
Kupferkies 73
Kupferlasur 23
Kupfervitriol 20
Kyanit 124

L

Lagerstätte 15
 -, pneumatolytische 16
Lapis-Lazuli 24, 172
Lasurit 24
Lava 202
leicht (Gewicht) 12
Lepidolith 98
Lievrit 80
Limonit 18, 45
Linsenerz 21
Lirokonit 21
Ludlamit 108

M

Magnesit 121
Magneteisenerz 84
Magneteisenstein 84
Magnetit 84
Magnetkies 75
Malachit 18, 55, 187
 -, grüner 11
Manganit 43
Manganspat 119
Markasit 85
Marmor 7, 211
Metallglanz (Glanz) 12
Miargyrit 27
Mikroklin 138
Milde (Tenazität) 11
Millerit 74
Mimetesit 117
Mineralaggregate 10

Mineralien 6f.
Mohs'sche Härteskala 9f.
Monazit 18
Morganit 16
Mottramit 53
Muschelig (Spaltbarkeit) 14
Muskovit 94

N
Natrolith 133
Nephrit 19, 181
Nickelblüte 90
Nickelin 47
Nickelkies 74

O
Obsidian 185
Olivenit 52
Olivin 152
Opal 7, 17, 137, 171
Orthoklas 138
Oxidationsmineralien 18

P
Paradamin 110
Pechglanz (Glanz) 12
Pegmatit 16, 191
Peridot 152, 169
Peridotit 196
Perlmuttglanz 12
Phenakit 158
Phillipsit 122
Phonolith 199
Phosphoreszenz 14f.
Phyllit 204
Plagioklas 139
Platin 18
 -, gediegen 77
Proustit 29
Prüfmineralien 9
Pseudomalachit 56
Psilomelan 86

Pyrargyrit 30
Pyrit 82
Pyrolusit 81
Pyromorphit 116
Pyrrhotin 75

Q
Quarz 7, 9, 11, 16, 144
 – Amethyst 145
 – Bergkristall 145
 – Citrin 145
 – Eisenkiesel 145
 – Milchquarz 145
 – Prasem 145
 – Rauchquarz 145
 – Rosenquarz 145
Quarzit 217
Quarzkristall 6, 18
Quarzporphyr 198
Quecksilber 6

R
Rauchquarz 17, 145
Rauschgelb 37
Realgar 36
Rhodochrosit 119
Rhodonit 184
Rhomboeder 14
Rhyolith 197
Ritzprobe 10
Rockbridgeit 58
Romanechit 86
Rotbleierz 31
Roteisenstein 34
Rotgültigerz, Lichtes 29
 -, Dunkles 30
Rotkupfererz 33
Rotnickelkies 47
Rotspießglanz 25
Rubin 18, 164
Rutil 18, 50

S
Sandstein 214
Sanidin 138

Saphir 18, 165
Schalenblende 42
Scheelit 129
Scherbenkobalt 72
schneidbar (Tenazität) 11
Schwefel 91
schwer (Gewicht) 12
Schwerspat 103
Sediment 213f., 218f.
Sedimentgestein 15, 212
Seidenglanz (Glanz) 12
Seifen 18
Selenit 92
Serpentin 115
Serpentinitkörper 15
Siderit 109
Silber 17
 -, gediegen 97
Silberglanz 11, 64
Skolezit 132
Smaragd 18, 166
Smithsonit 126
Sodalith 174
Spaltbarkeit 14
Spaltflächen 14
spätig (Spaltbarkeit) 14
Speckstein 9, 88
Speerkies 85
Sphalerit 42
Sphen 131
Spinell 18, 157
Spodumen 141
spröde (Tenazität) 10
Staurolith 143
Steatit 88
Steinsalz 93
Stephanit 66
Stilbit 17, 113
Strahlstein 60
Strengit 114
Strichfarbe 8
Strichtafel 8
Sugilith 175
Syenit 192

T
Talk 3, 88
Tenazität 10
Tenrantit 71
Tephrit 201
Tetraedrit 71
Tiefengestein 7, 15, 188f., 192f.
Titaneisenerz 78
Titanit 131
Tonalit 189
Tonschiefer 203
Topas 9, 16, 18, 160, 163
Tsumcorit 41
Türkis 17f., 186
Turmalin 16, 150, 170
– Buergerit 150
– Dravit 150
– Elbait 150
– Liddicoatit 150
– Schörl 150
– Tsilaisit 150
– Uvit 150

U
uneben (Spaltbarkeit) 14
unelastisch biegsam (Tenazität) 11
UV-Licht 12, 14

V
Vanadinit 18, 96
Vivianit 89
Vorkommen 15
Vulkanit 15

W
Wavellit 112
Weißbleierz 104
Wolfram 16
Wulfenit 18, 95

Z
Zink 17
Zinkblende 42
Zinkspat 18, 126
Zinn 16
Zinnober 28
Zinnstein 16
Zirkon 153, 183
Zusammensetzung, chemische 8

Literatur

Hochleitner, R., v. Philipsborn, H., Weiner, K.L., Rapp, K.: Minerale – Bestimmen nach äußeren Kennzeichen. 3. Aufl., Schweizerbart'sche Verlagshandlung Stuttgart, 1996

Strunz, H., Nickel, E.: Mineeralogical Tables. Klassifikation aller Mineralier. 9. Aufl., Schwerzerbart'sche Verlagshandlung, Stuttgart, 2001

Duda, R., Rejl, L.: Der Kosmos-Mineralienführer, 2. Aufl., Kosmos-Verlag Stuttgart 2003

zum Thema »Fundstellen«:

Hochleitner, R.: Fundstellen in Tirol. Christain Weise Verlag, München, 1989

Hochleitner, R.: Fundstellen in salzburg. Christian Weise Verlag, München, 1989

Viele Fundstellenbeschreibungen finden sich in Sammlerzeetischriften wie dem Mineralienmagazin LAPIS, Christian Weise Verlag, München.

Schöne Welt der Steine

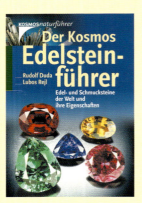

Duda/Rejl
Der Kosmos Edelsteinführer
190 Seiten, 296 Abbildungen
€ 19,95; €/A 20,60; sFr 36,90
ISBN 978-3-440-10957-1

- Die bekanntesten und schönsten Edelsteine nach Härtegrad geordnet
- Alles Wissenswerte – von Geschichte und Vorkommen bis zu Hinweisen auf Astrologie und Pflege der Steine

Josef Paul Kreperat
Edelsteine und Mineralien
224 Seiten, 350 Abbildungen
€ 19,95; €/A 20,60; sFr 36,90
ISBN 978-3-440-09230-9

- Naturführer und Gesundheits-Ratgeber – alles über die mineralogischen wie auch heilenden Eigenschaften
- Über 150 Edelsteine, Mineralien, Edelmetalle und die wichtigsten Varietäten

KOSMOS

www.kosmos.de   Preisänderungen vorbehalten